養出零壓力貓咪

臺灣首位零恐懼訓練貓咪行為諮商師，教你輕鬆養貓不崩潰！

國際認證貓行為諮商師
吉兒 Jill Su 著
貼心小老師 邱巴卡/巴迪 協力合著

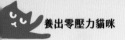

專文推薦

懂養貓前先懂貓，願天下貓奴都能與貓咪親密相依！

♥ 金信權／路加動物醫院院長

對於擔任小動物臨床獸醫師超過 20 年的我來說，每天門診最常碰到的問題，應該就是「如何伺候家中的毛孩」了。尤其是臉上刻著「我是貓奴」幾個字的客人，彷彿永遠有說不完的話（困）題（擾），想要在診間一吐為快。

我猜想，如果解鎖貓奴的權限，讓他們在診間擁有無限詢問權的話，許多動物醫院需要添購的不會是更先進的醫療設備，而是更好躺的沙發，還有高品質的義式咖啡機（加上蛋糕甜點那更是妙不可言了）。

這一本討論「貓行為」的書籍出版，相信是我這樣的臨床獸醫師都非常樂意看到的！除了作者吉兒本身擁有動物行為諮商的專業認證，更因為她是我非常欣賞且熟識的好客人。能夠在看診的執業生涯中認識吉兒，對獸醫師而言，真是一件很棒的收穫。她總是樂於從行為諮商的角度和我分享她的看法，並帶給我一些實用的觀念與技巧。

當看診與手術成為日復一日的循環，往往獸醫師給予客人的建議，會只從醫療角度切入，卻忽略另一件重要的事——貓病患回家後，貓奴們要面對的壓力與感受。

　　我常常對帶貓咪來看診的客人說，獸醫師其實只要在診間「出一張嘴」就好，真正辛苦的是回家以後要餵藥、要鼓勵多吃東西、要照顧貓病患的家人們。在這本書裡，吉兒深入淺出地用「白話文」解釋貓咪各樣行為背後真正的原因，不僅對貓咪的照顧者有幫助，我想，也是給獸醫師另一種面向的省思。

　　特別是關於「零恐懼」的討論裡，吉兒更是這領域的專家。不論是帶貓咪就診的心理準備、動物醫療的過程，甚至是勢必要觸碰的生死議題，吉兒都用既理性又不失同理心的口吻，提供了非常有用的實際作法。她也不吝分享自己的親身經驗與心路歷程，只要細細閱讀，我相信每一位貓奴都可以從中獲得很大的幫助，減輕心裡過重的壓力。

　　《養出零壓力貓咪》不僅是一本養育貓咪的「工具書」，更是一本溫暖的「關係書」。只要照著書中的內容實際執行，你會發現貓咪與你的生活品質將產生非常大的差別。

　　願天下的貓奴們，都能自由放鬆地與家中的貓咪相處，真正享受養貓之樂——一種彼此依存的親密關係。

♥ 媽媽／林耘卉，貓咪／小虎

謝謝你，讓我的養貓人生從恐懼變成美好！原來養貓可以很輕鬆，當然前提是，需要遇到對的人帶領。

♥ 媽媽／舒恬，貓咪／管管＋呆門

認識吉兒之後，我才發現原來以前我都在亂養貓。

♥ 媽媽／湘湘，貓咪／小胖＋蛋蛋

吉兒的專業和細膩無庸置疑，但我最意外的收穫是在諮商過程中，深深感到被重視和聆聽，讓我覺得我不是大驚小怪，不是杞人憂天，也不是一個養貓養到神經兮兮的怪咖。被理解並且在一路上不斷點亮你腳邊的燈的感覺，真的很安心。

♥ 媽媽／張珮蓁 Joyce，貓咪／波波＋妞妞

我領養波妞前也養過貓，但從來沒有好好從貓的角度去思考，直到後來我的貓陸續過世，再領養波妞這對姐妹，得到了吉兒的幫助，讓超級怕人膽小的波妞慢慢打開心房，現在還會主動來撒嬌，我真的很開心！

♥ 媽媽／陳虹蓁，貓咪／小不點

吉兒老師專業、耐心和同理心且零壓力的諮詢方式，讓我吸收了很多貓知識，也更了解如何跟我家的寶貝健康幸福的一起生活。家裡有貓主子是件幸福事！

♥ 媽媽／吳思璇，貓咪／阿一＋二月

跟吉兒諮商過後，貓咪的生活變得更加恬意，人也跟著被療癒了！

♥ 媽媽／ Tracy Fu，貓咪／ Murmur+Minna+Molly

因為想改善貓咪挑食、異食癖而求助吉兒，淺顯易懂的課程和人性化的協助，讓人貓在無壓力的情況中循序漸進一同進步；貓咪們開心自在、我也開始真正體驗養貓的樂趣。

♥ 媽媽／ Elisa，貓咪／茶茶

吉兒的課程和零恐懼醫療大幅改善了我和茶的生活，一起走向人貓的幸福生活。

♥ 媽媽／賴彥伶，貓咪／阿傻醬＋小晶＋阿妹妹

吉兒的引導與建議，讓我們與三貓都能夠開心地一起生活，真的是一件非常棒的事！

♥ 媽媽／Summer，貓咪／Kyle+Nana

吉兒將貓咪行為轉換成我們能讀懂的語言，藉由反覆練習滿足貓咪的需要，並且保持耐心互相尊重，用放鬆的心情享受和貓咪一起生活的每一天！

♥ 媽媽／海苔媽媽，貓咪／海苔＋極樂＋吉祥（小黑）＋烏咪

有一隻親人的愛滋黑貓在我家附近流浪 10 年，多次試圖將小黑收編，結果都以逃跑、跟家中貓咪打架等因素而失敗。去年小黑多次受傷，已無法在街上生存，我只能硬著頭皮帶回家，但很擔心小黑會再次與其他貓咪打架或引發壓力疾病，很幸運遇到吉兒，從讓父母及毛孩都雙贏的角度給予建議，並不斷給予支持及鼓勵，陪著我度過焦慮憂心的日子。現在收養小黑即將滿一年，與家裡的貓咪相處越來越融洽，在吉兒的指導下也不曾發生打架事件，真的非常感謝！

♥ 媽媽／林恩如，貓咪／小美

吉兒帶我規畫後癱貓咪的生活環境，讓我們現在每天都能舒舒服服、開開心心，不再神經緊張了！

✳ 讀後有感的各界貓奴熱情推薦！

♥ Neneko 貓日／愛貓插畫家

貓奴！你渴望擁有了解貓貓的智慧嗎？

作者在此分享多年自身經驗給大家，內容多元豐富，藉由各種真實案例帶出人貓相處常見問題，除了教你以貓視角解讀問題、提供貓行為分析圖表，也會懂得如何改善家中環境，來滿足每位貓主子的需求，讓人貓相處不用再鬥智鬥勇，帶來更好的生活品質，擄獲貓貓更多的愛～

♥ 我是白吉／吉媽

如果說育兒有聖經，此書就是育貓聖經了！

和貓咪相伴的日子，每一天都能從中得到樂趣與撫慰，甚至對人生的啟發，貓咪就是有這樣的魔力，是很棒的動物伴侶！然而貓咪心思敏感，無形中的一個舉動或環境改變，都可能造成莫大壓力。本書能幫助我們重新思考和貓咪的關係，解決困擾許多養貓家庭的問題，看完此書真是受益良多，非常推薦給想努力改善毛孩生活的爸媽們。

✳ 讀後有感的各界貓奴熱情推薦！

♥ 莫允雯／演員

愛我們的貓咪，更要學習同理他們的身心靈！本書帶領讀者學習以貓咪視角看待生活的一切，才能真正讓他們活出最快樂的貓生！

♥ 張婉柔／安寧緩和醫療獸醫師

被飼主充分懂得的貓是幸福的。得到滿足的身心需求，將保護貓咪遠離壓力、遠離疾病，帶來快樂的人貓相處。吉兒擅長帶著貓家長換位思考，去除了理論的生硬，使本書成為乾貨滿滿的人貓相愛實用手冊，讓人貓關係再升級。誠心推薦。

♥ 臺北市流浪貓保護協會

如果你正在前往努力成為專業貓奴的路上，這本書你非看不可！如果你已經是一枚正統貓奴，那麼這本書你更應該看！
推薦給多貓家庭、搞怪貓家庭、難搞貓家庭、玻璃心貓奴家庭……這是一本帶你和貓一起遠離壓力，學會貓咪照護疑難雜症的超實用書！

♥ 臺灣咪可思關懷流浪動物協會

我們在審核認養人時，常遇到一些民眾會以「人」的主觀認定貓咪狀況；本書不只提到許多貓奴會遇到的問題，也會教導大家瞭解貓咪狀態、解決困境與減壓。這是一本想要養出「快樂貓」飼主的必備書單！也誠摯推薦給所有從事與貓相關行業的人！

♥ 貓系創作者／露咖佩佩

知道吉兒老師，是在 2020 年老師在線上發表的多貓休戰課程，溫柔而堅定的神情，帶著愛對身邊出現的貓轉著，她的身影就在我心中留下深刻的印象。我很喜歡吉兒老師在書中用「鏡子」來形容貓咪行為的樣貌，簡單易懂，因為有很多時候是我們願意開始改變，貓的問題也就自然迎刃而解。各種貓咪的任何外顯問題背後原因，永遠都不會只有一個答案，解決方式也不會只有一種，所以貓咪行為相關的知識能理解得越多，養貓的頭痛事就能越少（笑），但國外的這類書籍儘管翻譯成中文，也會因為生活環境、國人習慣而較難融會貫通，而有些基礎的動物行為學並沒有強調貓咪福祉，也沒有擅用零恐懼、反嫌惡的方式來解決，所以我很想推薦大家讀讀國內貓咪行為諮商師吉兒的書，因為她是全臺灣首位 Elite FFCP 零恐懼訓練認證師哦！

無論你養貓多久，只要你想瞭解你的貓幸不幸福，或是想試著解決自家貓咪的挑食、打架行為，吉兒老師都能用貼近我們日常的情境，帶我們去瞭解更多的貓咪行為原理原則和方法，如果實做了之後還是沒辦法解決，就趕快跟吉兒老師預約，讓自己和貓貓都能過得更幸福開心～

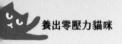

前言

我想建立的，
是貓與人之間的
零壓力關係

第一天帶回家的毛鼻。

遇到我的第一隻貓——毛鼻那一年，我讀國中3年級。毛鼻當時大約2～3個月大，他被困在一間錄影帶店的木頭隔間，叫了好幾天媽媽都沒有出現，最後被消防隊救出。當時他們告訴我，如果沒人認養，貓就會被送進收容所。因此我跟很多貓奴一樣，完全沒徵求爸媽同意就先斬後奏，直接把小小的毛鼻帶回家！

不過我很幸運，雖然爸媽一開始完全不贊成我養貓，他們還是很快就接納毛鼻。只是，我們全家都沒有養貓的經驗，毛鼻又是隻超級調皮的小橘貓，每天早上 6 點整就會叫我們起床，假日也不例外，而且他喜歡把桌上的東西推到地上、翻箱倒櫃偷吃零食、亂咬人、還會啃我的耳機，害我至少每個月都會損失一副耳機。毛鼻也喜歡暴衝，有一次還不小心踢破玻璃割傷自己的腳，送醫縫了好幾針。每次看到他搗蛋時家人困擾的樣子，我都心想：既然他是我帶回家的，我就有責任教他乖乖不搗蛋！於是，我便展開一連串的「馴貓研究」，想預防和改善家人的困擾。

　　當時 Google 還沒誕生（至少還沒出現在我的世界裡），我腦子裡所有的動物知識只來自吉米哈利的獸醫傳記與散文全系列，還有一本 1999 年剛出版的百科全書，叫作《養貓完全指南》，我根本不曉得我在做的事情其實就叫「貓行為調整」。

　　上高中後的某一天，我花了好幾天研究的訓練終於完成了！我看著毛鼻乖乖聽指令握手、換手，然後趴下，覺得好有成就感，突然靈機一動：「我以後一定可以成為貓咪訓練師！」想完又嘲笑自己：「可是世界上根本沒有這種行業啊！」那是我第一次接觸「貓咪行為學」卻渾然不知。

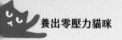

2000 年，讀高一的我，
還不知道貓行為學的存在。

　　直到 2019 年，貼心毛寶誕生 2 年後的某一天，我做了整整 8 小時的貓行為諮商，下班後看到上面這張照片，又突然想起這件事，我才恍然大悟：原來從認識毛鼻的那一天開始，我就已經與「貓咪行為學」為伍了。

　　長大成家後，我還是不改先斬後奏的毛病，（強迫先生）與我陸續收養 3 隻貓：娜娜、邱巴卡和巴迪，也持續遇到不同的養貓困擾。

　　在結束貓行為諮商訓練、創立「貼心毛寶」（毛鼻的原名就叫毛寶）後，我常常仔細回想毛鼻小時候的各種調皮行徑，還有自己摸索研發的「馴貓方式」。除了訓練，還有觀察調整他的飲食作息、生活環境，以及家人和他的互動。我才慢慢意識到：原來養貓就是一連串的「貓行為調整」；而「貓行為調整」其實就是「調整環境」和「調整人貓關係」，只是以前的我是為了解決家人的困擾而調

整，後來的我則是為了享受生活而調整。

　　我開始跟找我諮商的貼心爸媽分享這個心境轉折，鼓勵大家思考養貓的初衷，我終於找到了貼心毛寶的核心精神：我想幫助爸媽在養貓時能看到快樂的貓咪，同時也能感到開心、享受、零壓力。

　　在寫這本書以前，我一直在想我該怎麼下筆。是要用教科書、百科全書的方式，把我知道的貓行為知識全部吐出來給你？還是要像媽媽、老師一樣苦口婆心叮念你？後來我決定，我要用淺顯易懂的方式解釋貓咪的行為給你聽，跟你分享我和貓咪的故事，希望帶給你更多啟發、讓你更輕鬆瞭解貓咪行為學。

2013 年，我們成立了新的小家庭。由左而右分別是邱巴卡（老二）、巴迪（老三）、娜娜（老大）。

Contents

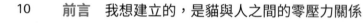

Chapter 1

貓咪行為學

映照

人貓關係的明鏡

貓和貓奴
都需要紓壓

如果上網搜尋「貓咪行為學」，一定輕易就能找到各式各樣的學術解釋。可是對很多貓奴來說，看著眼前搗蛋的寶貝，可能很難理解這些理論在貓身上是怎麼運作的。也因為許多行為術語太抽象，很多人甚至會把行為諮商和寵物溝通搞混，誤認為行為諮商師是靈媒，可以跟貓咪通靈，說服他們不要搗蛋、乖乖聽話，這真是天大的誤會。

若用一個簡單的事物比喻貓咪行為學，我覺得是鏡子。德國作家歌德曾說：「行為就像鏡子，反映出一個人的形象。」我也常覺得貓的行為是一面鏡子，會很誠實反映出

生活環境，還有跟爸媽、家人或其他貓咪的關係。也就是說，如果生活環境有問題，貓就會有問題；如果平時和家人或其他貓咪處得不好，或人貓互動出問題，貓也容易焦慮，因此，如果人類想解決貓咪的問題，也就是鏡子反射出來的問題，一定要先探索鏡子外到底發生什麼事。

舉個最常見的例子：我在做行為評估時，常聽爸媽說貓很怕人，不願意給人摸抱。多數人一開始都會強調貓的脾氣很差、很傷腦筋，但深入探究後往往會發現，貓的脾氣不是一夕之間變差的，而是爸媽常需要剪指甲或餵藥，無法兼顧貓咪的心情，更沒有特別培養人貓之間的感情，久而久之，貓每天跟家人都有不愉快的摩擦，個性才會越來越孤僻、暴躁。

我也常遇到貓咪有禿毛或血尿的狀況，爸媽帶著看遍大小醫生都確認身體沒問題，醫生就會推論：「他可能壓力太大。」於是爸媽來求助我，想知道怎麼改善貓的壓力。這時，我就會請爸媽把貓想像成一面鏡子，如果貓有壓力，通常都是反映人類的壓力，如果可以先檢視人類的生活習慣和壓力，就能輕鬆找到貓的壓力來源和改善方法！用這樣的模式思考，你就會記得：想改善貓的問題，一定要先從人類的習慣著手改變，才會有顯著的效果。

因此，我會在本書中更詳細介紹各種檢視的技巧，並

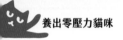

帶你實際操作，讓你更瞭解自己的單貓或多貓家庭，學會改善常見的貓咪問題行為。

改變個性與行為的元兇——壓力

如果想瞭解貓咪的個性和行為，那你一定要先認識「壓力」。

我先來說個故事，你可能聽過類似的情節，或甚至自己經歷過：阿凱是個努力、傑出的業務，老闆非常賞識他。有一天，一個大客戶來訪，老闆告訴阿凱，如果兩週後提案成功，他們就能接到公司有史以來最大的訂單，阿凱也可以升遷經理。從那天開始，阿凱不眠不休準備提案，每天熬夜練習，把提案背得滾瓜爛熟，連閉著眼睛不看稿都能倒背如流。可是就在提案前一天，阿凱失眠了。他躺在床上不停地想，萬一失敗怎麼辦？萬一客戶不喜歡，老闆會怎麼想？萬一老闆因為這樣炒他魷魚，他以後要怎麼付帳單、繳房租？想著想著，居然天亮了，阿凱匆匆咬了兩口早餐，趕往辦公室。會議都還沒開始，阿凱就覺得反胃，他把早餐全吐光了，手心一直冒汗。會議開始後，他的心跳不停加速，看著大客戶的臉，他覺得喉嚨好像卡了一顆大石頭，腦筋一片空白，一句話都說不出來……

為什麼阿凱明明把提案背得滾瓜爛熟，卻在開會當天

腦筋一片空白？為什麼他明明沒生病，卻會把早餐全吐出來？為什麼在客戶面前，他的心跳會加速、手心會冒汗？如果你也跟阿凱有過一樣的經驗，那你一定知道，兇手就是：壓力。

在有壓力的情況下，人的腎上腺素會上升，會覺得緊張、口乾舌燥、血壓上升、心跳加速。如果長期處在有壓力的環境下，身體會釋放出皮質醇（Cortisol），也就是俗稱的壓力賀爾蒙。壓力賀爾蒙的破壞性極大，它可以讓人失眠、記憶力衰退、影響學習能力，甚至改變一個人的性格，滋養癌細胞生長。

所以人類開始注重紓壓，像是看書、運動、冥想。壓力找到出口後，人就能恢復平時的水準，記憶力回來了，學習新事物時更得心應手，開會也可以侃侃而談。但你可能會想：阿凱的故事跟貓有什麼關係？貓又不需要工作，哪會有什麼壓力？

其實，貓是非常敏感的動物，他們的聽力比人類靈敏4 倍以上，更是厲害的獵人，感官極佳，所以貓的壓力常常比人類的壓力還大喔！而且，壓力對貓造成產生的負面影響，往往不亞於人類。

在貓的世界，最常見的高壓就是看醫生。我們常聽到原本溫馴聽話、會坐下握手的聰明貓咪，只要出門看醫生

就六親不認，聽到自己的名字沒反應就算了，甚至會攻擊爸媽和醫生。

多貓家庭也常有這樣的狀況，原本個性溫和的貓，看到其他貓卻獸性大發，老愛衝上去抓咬對方；或在隔離時相安無事的兩隻貓，見到面卻不停叫囂，吃不下睡不著，甚至血尿、禿毛。

這些都是壓力賀爾蒙影響貓咪個性和行為非常典型的例子，但也只是冰山一角的例子。貓的生活裡還有很多因素會讓他們感到壓力，散布在飲食、環境、作息、多貓相處等各種層面，有些顯而易見，你可以常常聽到不同的行為諮詢師倡導衛教；但有些很少人知道，甚至對很多爸媽來說根本微不足道、無法置信，卻會對貓造成巨大影響。在我諮商多年的經驗中，最常見的例子就是原本溫馴的貓變得愛咬人；原本撒嬌的貓變得容易尖叫生氣；原本健康的貓開始莫名頻尿、尿道阻塞、膀胱炎、血尿；有些貓會把肚子舔得光禿禿（為了導正爸媽常有的迷思，我必須特別聲明：貓的肚子應該要有毛，不是天生粉紅色的喔！），有些貓甚至已經禿肚了還在繼續舔毛，所以禿毛會蔓延到大腿內側、外側、屁股、尾巴，甚至一路向上到肋骨兩側，好像頂著一顆龐克頭。除了這些明顯易見、類似疾病的症狀，壓力也會讓貓產生一些焦慮的行為反應。2016 年，美國獸醫馬蒂·貝克（Marty Becker）創立的 Fear Free 零恐懼

訓練中，就把這些反應統稱為「FAS」，分別是恐懼（Fear）、焦慮（Anxiety）、壓力（Stress），幫助醫師、訓練師和爸媽藉由觀察這些 FAS 行為，判斷貓是否感受到壓力。

　　當然，貓的行為改變不一定是壓力，很多疾病也會引起行為異常，所以如果你發現貓的行為跟以往不同時，應該先看醫生檢查，排除生理和病理因素。如果看醫生後還是找不到原因，而且病症還是常常反覆發作，那就可以幾乎確定是壓力造成的，也就是俗稱的「心理影響生理」。

　　如果你已經確定貓有這些壓力反應，該怎麼辦？先前我提到人類需要紓壓，才能回到平時的水準，貓其實也是。這本書的宗旨就是要帶你深入瞭解貓的壓力，全面檢視你們的生活，有系統、條理地調整環境，幫貓紓壓，讓他恢復原本的個性，無論是活潑、文靜、大膽，或是謹慎的貓，都可以在放鬆後活出自信，而身為爸媽，你也能開始享受養貓真正的樂趣。相信我，養貓真的不應該很委屈、很辛苦。

養貓
首要看個性

常有人説：「什麼人就會養出什麼貓。」我非常贊成這句話，因為對貓影響最深的一個因素，就是每天照顧他們的人類。甚至，如果你仔細觀察，有些貓跟爸媽相處久了，表情、長相和個性都會有點像喔！當然，這是很主觀的看法啦！但不只是我，很多爸媽也都有這種感覺。不過説真的，在行為改善的經驗裡，確實有許多例子可以證實：爸媽的個性和情緒會對貓產生深刻影響。

現代人養貓的觀念已經跟以往截然不同，尤其是來找我諮商的爸媽。過去，長輩常會覺得動物就是動物，只要

餵飽他們、提供遮風避雨的地方就夠了，不需要特別關懷照護。但現代社會少子化，很多人選擇不婚或不生，包括我和先生也是頂客族，貓就是我們的孩子，我們就是爸媽，所以我們不只在乎要給貓吃什麼，還會在乎他們的生活品質、心理健康。我常比喻，養貓對我們來說就像養孩子，教養也是很重要的一環啊！

就跟教養孩子一樣，每個人教養貓的風格也會受到原生家庭習慣和自身個性的影響。有些人天生謹慎、一絲不苟，每隻貓都要照書養，只要貓的反應跟書上寫得不一樣，就會非常擔心是不是自己沒做好；有些人心思細膩敏感，對生活中的變動容易感到焦慮，所以每天作息很固定，家裡的擺設也鮮少變動，起床一定先刷牙才洗臉，回家一定先餵貓才吃飯，抓板一定買 A 牌，睡前一定要打掃；也有些人大而化之、不拘小節，貓幾點吃過飯？忘了耶！昨天有上廁所嗎？沒注意！今天是不是又亂尿了？好像是，但沒關係，反正習慣了。各種個性截然不同的人，就會養出截然不同的貓，一切都是有跡可循的。

而貓，當然也有自己的個性！貓的感官雖然跟人不同、比人敏感，但在成長及社會化的過程中，還是會因為基因、生長背景、媽媽的教育（這裡指的是貓媽媽）以及其他環境因素，發展出不同的性格。

在我養貓 20 多年、參與浪貓救援 10 多年的經驗中，我對於貓與人的性格組成和影響，大概可以分享幾個不負責的實務歸納：

如果你很幸運，大而化之的人會養出大而化之的貓，一家和樂融融。但我更常見到的是人貓之間的性格摩擦，對生活造成負面影響；一絲不苟的爸媽會把大而化之的貓逼瘋，讓他覺得人類規矩又多又煩，所以處處躲人、保持距離；小心謹慎的爸媽，會把膽小的貓養得更膽小，家裡一有風吹草動就風聲鶴唳，爸媽怕嚇到貓，因此更謹慎；有些爸媽會覺得抓狂，明明自己這麼隨性，貓怎麼那麼挑剔？如果家裡常出現「無預警的熱情擁抱和摸摸」，容易受驚嚇的貓，就可能產生防衛性的攻擊。而正如我先前說的，貓的感官非常敏銳，在這些摩擦發生時，貓可以清楚感受到爸媽的情緒，如果氣氛不對，你臉上的肌肉會緊繃，語氣會急促，動作會變快，講話甚至可能突然變大聲，這些都會影響貓接下來的反應和行為。

所以究竟問題出在哪？為什麼人貓無法和諧相處？

我相信很少人在選貓時，會以貓的個性為優先挑選，大部分人可能只會挑性別、花色、長相。其實，選擇跟自己個性契合的貓，才能真正有效預防許多相處上的摩擦。你可以思考看看：你是哪一種人？你的貓是哪一種貓？你們

的個性契合嗎？還是完全相反？你們在相處時有摩擦嗎？他的性格是被你改變的嗎？

如果你讀到這裡覺得自己選錯貓了很沮喪，別太難過，其實你還有希望！

🐾 找回輕鬆有愛的人貓與貓貓關係

我和我先生、還有接受諮商的爸媽，都把貓當孩子看待，所以從現在開始，我會用教養孩子的角度來談「貓的教養與家庭關係」，如果你還不是很習慣，希望你會慢慢習慣。

教養貓跟教養孩子一樣，物極必反。記得以前讀書時，我們班上有幾個很優秀的同學都生長在權威教育底下，宣萱就是其中一個。宣萱的爸媽都是藝文界有頭有臉的大人物，從小就對她非常嚴格，家中沒電視、課後補習排滿檔，考試考不好挨揍也是稀鬆平常。但宣萱滿乖的，一直很努力讀書，畢業後也順利找到一份生技公司的職務，收入優渥。但在經濟獨立後，她幾乎跟父母斷了聯繫，逢年過節也常拿工作當擋箭牌，不想回家。她常常跟我說，只要想到小時候壓力那麼大，她就恨死父母。

相信你身邊也有不少像宣萱這種朋友，在嚴格教養中

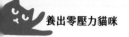

成長。我成為諮商師後，發現養貓的人也常用同樣的嚴格態度教養貓咪。不過，近幾年有越來越多親子專家倡導權威教育會有後遺症，貓行為學專家也證實，打罵教育會引起貓咪的厭惡、恐懼，造成反效果。因此，現在的行為訓練其實已經跟上趨勢，大多倡導「正向教養」，在國際動物行為諮詢協會（IAABC, International Association of Animal Behavior Consultants）的諮商師訓練課程中，我們將正向訓練風格稱為 LIMA（Least intrusive, minimally aversive），我把它譯作「反嫌惡療法」。

先前提到的那些被人類影響的貓行為，都不是貓的「正常發揮」，而是「扭曲的性格」。貓因為長期在高壓下生活，引起性格改變，而在性格扭曲後，又會產生一連串不健康的人貓與貓貓關係，引發更多問題。我來組合幾個我在諮商時的常見案例，寫一個化名的小故事幫助你理解。

榮榮 3 個月大就被媽媽救援帶回家。小時候，她就像一般小貓那樣活潑好動，天不怕地不怕，對新事物充滿好奇心。每次看到新玩意，她總是喜歡先聞聞味道、用手戳戳看，再仔細探索一番。不過榮榮可能是太早離乳影響免疫力，身體不太好，很容易拉肚子，媽媽因為常要帶她看醫生覺得很折騰。後來媽媽尋尋覓覓，終於在榮榮 1 歲時找到一款乾飼料，榮榮吃了後便便很漂亮，媽媽就再也不敢幫她換食。

　　榮媽是一個有潔癖的人，每天都把家裡打掃得一塵不染，而且榮媽不喜歡看到地上有貓玩具，所以榮榮只能在固定時間玩玩具，只要榮媽看到她沒興趣就會把玩具收拾乾淨。如果到榮榮家作客沒看到榮榮，絕對看不出來那個家裡有養貓。除此之外，榮媽還是個收納狂，極簡是她的生活態度，近藤麻理惠寫的《怦然心動的人生整理魔法》則是她的聖經。家裡從大到小每個物品都有屬於它們的「家」，東西用完一定物歸原位。榮媽甚至有個怪癖：快遞送來網購商品時，她會馬上拆封丟掉包裝，因為她怕東西不乾淨，榮榮碰了會生病。沒辦法，誰叫榮榮是她最心愛的女兒，從學生時期就跟著她，經歷畢業、就業、戀愛又失戀！

　　榮榮認識我那年 15 歲。在一次健檢中，醫生發現榮榮有初期腎臟病，但情況還不嚴重，所以先囑咐媽媽讓榮榮多喝水。醫生說，最好的方式就是吃罐頭。當時，榮榮已經吃同一款乾飼料 14 年了，她根本不認得其他食物，所以對媽媽準備的罐頭完全忽視，看到媽媽態度積極更覺得有鬼，完全拒絕嘗試。而媽媽也還沒走出 14 年前榮榮整天拉肚子的陰影，所以選罐頭時非常害怕，好不容易下定決心試了幾款，發現榮榮不接受更覺得心慌，上網搜尋資料看到有人分享「灌水妙方」，情急之下只好決定每天替榮榮灌水。

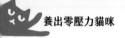

榮榮跟媽媽的感情原本還算不錯，雖然都已經是「熟女」，各有自己的生活節奏，但無論是發呆、舔毛或睡覺，榮榮總是選擇待在媽媽身邊。剛開始灌水時，媽媽覺得滿順利的，榮榮雖然掙扎，但還不至於抓不住，第一天灌完後她信心滿滿地想：「只要能一次灌兩管水、一天灌兩次，醫生建議的水分就達標了，腎指數一定會進步！」

不過，如果你跟榮媽做過一樣的事，應該可以猜到接下來的發展吧？榮媽的伎倆只成功 2 天，而且第二天榮榮就掙扎了，跟第一天還有點迷迷糊糊、搞不清楚狀況的樣子比起來，簡直是天壤之別。

3 個月後，也就是我認識榮榮時，這對母女 15 年的感情早就被消磨殆盡。媽媽痛苦地表示，榮榮還是不吃罐頭，而且一靠近就逃跑，甚至還會哈氣咬人，她明顯可以感受到榮榮不像以前那麼愛她了。而且榮榮無故被灌水非常恐懼，變得很沒有安全感，以前喜歡探險的她，現在聽到一點風吹草動就會躲起來。不只如此，榮榮的腎指數每次回診都比上次更糟，媽媽覺得越來越挫折，很自責沒照顧好榮榮，看醫生的壓力也越來越大，更怕很快就會失去榮榮。這段期間，家裡的氣氛每天烏煙瘴氣，人貓都很不開心。榮媽慢慢領悟到，如果不先改善她們的關係，她根本無法改善榮榮的健康，更不可能享受跟榮榮晚年相處的時光。

　　遇到榮媽這樣的家庭，正向訓練中的反嫌惡療法就非常適合用來調整她和榮榮的人貓關係，如果榮媽可以先找到人貓之間舒適的相處模式，就能用更有效、也更有愛的方式幫助榮榮，進而改善她的腎臟問題。

　　接下來，我要跟你分享如何從貓咪的食衣住行生活中幫貓減壓，也替你找回養貓的初衷，幫助你開心享受零壓力的養貓生活。

Chapter 2

零壓力

從貓咪生活大小事
學習人貓減壓技巧

飲食作息會決定 貓的穩定性

古人常說民以食為天，我覺得對貓來說更是吃飯皇帝大。每隻貓個性不同，有些貓愛吃，有些貓特別挑，但無論哪一種貓，飲食作息都會對貓的行為影響很深。在諮商時，我常看到貓因為餓肚子或吃得不開心，鬱鬱寡歡或跟爸媽不親近。

🐾 常見飲食問題：挑食

每個貓奴一輩子至少會遇到一隻超級挑食的貓，我的切身之痛起於 2016 年。那年夏天，我一如往常帶巴迪和邱

巴卡去健檢，那時他們才 3 歲，是整天活蹦亂跳的年輕小伙子，我自然不覺得有什麼好擔心。可是血檢報告出來後，醫生說兩隻貓的腎指數都怪怪的，不像是 3 歲的貓該有的樣子。不過醫生當下安慰我，貓還年輕，不用太擔心，先從飲食改善著手，多喝水，然後定期回診再觀察看看。

離開診間後，這樣說可能太戲劇化，但我真的覺得我的人生從此風雲變色。你知道，天下的媽媽都是一樣的，在擔心孩子時，我跟其他媽媽的情緒轉折沒什麼差異。當時我一想到要讓貓多喝水，腦海裡就瞬間湧入各種網路上的祕方：用針筒灌水、吃罐頭加水、家裡水碗四處放、轉濕食戒乾飼料，最好全部同時進行，一定會成功！

結果我當然很不幸地失敗了，否則你就不會看到這本書。人生沒有一帆風順的道路，貓的字典裡也沒有聽話這個詞。我遇到了前所未有的難題：我想幫貓咪增加濕食戒掉乾飼料，兩隻貓卻越來越挑食，每次回診的腎指數也不停在上升，我好怕再這樣下去，我的貓全都會死掉！

後來在一連串的崩潰測試中，我發現影響貓咪食慾有一個最重要的關鍵，那就是「壓力」。而貓的壓力，就是來自於爸媽忽略他們對飲食的需求和堅持。

 同理貓的堅持

我剛說過，每個貓奴在養貓生涯中，一定至少會跟我一樣遇到一隻超級挑食的貓，其他貓即使不挑，通常也都有自己的喜好和堅持。因為貓是美食家，在你征服貓的胃之前，不管你想跟貓談什麼「生意」、做什麼「協商」，你的勝算都是零。

不過，家貓需要靠人類才有東西吃，所以後來我發現，爸媽的個性和價值觀會間接影響貓的飲食行為。

每個人都有自己的飲食習慣，這些習慣，我覺得大致上可以分成兩種：有一派的人對吃很講究，非常期待吃飯，常常一早就在規劃晚餐、有美食一定朝聖，如果不幸踩到地雷還會整天鬱鬱寡歡，我就是屬於這一派。另一派人不重視、甚至討厭吃飯，他們吃東西是為了生存，也往往無法決定該吃什麼，甚至看到什麼就吃什麼，或者媽媽煮什麼就吃什麼，來者不拒，能吃就好。

而在飲食作息方面，大部分人也分成兩派：一派是肚子餓才吃東西，如果不餓，即使吃飯時間已經到了也不勉強。另一派人會非常準時，表定時間到了就要吃飯，即使不餓也得勉強吃點東西。

不同的幾派人在養貓時，自然也會帶入自己的習慣，

形成不同組合，而最常遇到貓咪飲食出現問題卻不自覺的，通常就是習慣按表定時間吃飯、以及為了生存而吃飯的這一派。

如果你還不確定自己是哪一派，可以先花點時間觀察自己，瞭解自己的價值觀，就能對家貓的飲食作息和習慣有點基礎認識。

喜歡時間到就吃飯的人容易照表操課，時間到就要放飯，也不管貓餓了沒；不喜歡吃飯的人，常常連自己都忘記吃飯，有時餵貓也是有一餐沒一餐，導致貓咪過度飢餓。而且很多人常常忘記貓也有自己的喜好，或者根本不認同貓應該有自己的喜好！我想或許是人類原生家庭的教育，養成這些人常會抱著哀矜勿喜、未雨綢繆的態度養貓。我常聽這樣的爸媽說「我從來不讓他吃他最愛的東西，怕寵壞他」或「吃太飽不好，他喜歡的食物都不健康」這些話，我在不同家庭中聽了上萬次，而這個理論，至今依舊坐擁臺灣搜尋引擎的貓咪飲食迷思冠軍排行榜，許多人對於給貓吃美食、吃零食會「寵壞貓咪」深信不移。

2017 年，貼心毛寶剛成立時，臺灣除了赫赫有名的兩大行為獸醫師以外，「貓行為諮商師」屈指可數。當時我想推廣破除這些迷思和觀念，但面對這麼根深蒂固的文化，總是有一種孤軍奮戰感，所以我想了一個方法，我常在公

開演講或線上課程中設計互動遊戲，引導大家換位思考，我發現用這樣的方式，大多數人都能恍然大悟。

大家可以一起玩看看這個換位遊戲，一起思考：如果從今天開始整整 10 天，我每天都問你：「今天晚餐你想吃什麼？」你會怎麼選擇？在 10 次裡面，你有幾次會選自己愛吃的食物？又有幾次會選自己討厭的食物？

假如你的生日快到了，家人決定幫你慶生，他們知道你最愛吃什麼牌子的蛋糕，卻選擇你比較不愛的牌子，而且告訴你，他們決定只在你臨終前才訂你最愛的那個牌子，讓你擁有最美好的回憶。你聽了會有什麼感覺？

當然，如果你還不認識我，我必須先自首，我是全天下最寵貓的貓媽媽，我覺得貓就是要養來寵的，就像孩子就是要生來愛的一樣，為何要故意不讓他們開心呢？不過，我可以理解大家的恐懼，大多來自於害怕寵貓會害貓咪生病、太早失去他們，我也何嘗不是？但我們必須承認，用這樣的恐懼去養貓，並不會讓人貓都快樂。我有更好的方法可以跟你分享。

當年，為了治療巴迪和邱巴卡的腎臟疾病，我花了很多時間深入探索貓咪的飲食需求，也研發了很多解決挑食的方法。巴迪和邱巴卡已經在 2017 年痊癒，一直維持健康到現在。我也在協助諮商家庭時，持續研究與調整，發現

這些觀念和方法幾乎適用於所有挑食家庭。後來我製作了一套名為《挑食退散 輕鬆放飯》的「貓咪飲食調整指南」，其中包括貓咪對飲食的堅持，還有預防貓咪挑食、讓爸媽輕鬆放飯的技巧。

我想跟你分享幾個最實用的觀念和技巧，同時在章節4-3，也會分享幾個改善挑食的真實案例，讓你對貓咪飲食有更深入的認識。

🐾 貓為什麼挑食？

1 貓也有自己的喜好

我們常常忘記貓也有自己的喜好，例如，很多貓咪喜歡吃海鮮口味的罐頭、不愛吃雞底罐頭，很多貓咪喜歡副食罐，不愛主食罐等。如果爸媽提供的食物不符合貓咪的喜好，熱愛美食的貓自然不想吃。

2 貓的作息跟人類有「時差」

貓的飲食習慣跟人完全不同。貓是獵人，在野外餓了就打獵，每天平均會獵食 8 ～ 12 隻小老鼠，算是少量多餐型的食客。除了睡覺，他們大約每 2 小時就會想去吃幾口飯，跟人類一天吃三餐的概念很不一樣。因此家貓常會遇

到一些困難，像是肚子餓沒東西吃，或爸媽決定放飯時才剛吃飽根本不餓，簡單來說，就是貓的生活和人有「時差」。

3 貓會害怕不認識的食物

行為研究發現，貓媽媽會在寶寶離乳時介紹新食物給他們認識，就像人類寶寶學習吃副食品一樣，如果媽媽是只吃單一食品的家貓，寶寶長大後就比較容易出現「食物恐新症」，害怕沒看過的食物。這類行為最常發生在只吃乾飼料、無法接受罐頭的貓咪身上。如果人類在貓咪成年後才介紹新食物給他們認識，他們會需要時間適應，短則數個月，長則數年都很常見。

4 貓的身體不舒服

貓在遇到新食物時會先淺嘗即止，然後觀察自己的身體反應，如果身體出現不適狀況（如嘔吐、肚子痛、拉肚子），他們就會本能的記得不再去碰這個食物。人類其實也有這樣的自我保護機制，我還記得幼稚園時，我去溫蒂漢堡吃了人生中第一個漢堡，但當天回家就得了腸胃炎、不停嘔吐，後來在長大過程中我幾乎完全不吃漢堡，直到大學才慢慢克服這個恐懼。

不過現在的我也不是特別喜歡吃漢堡，我認為跟這個生病的記憶有很大的關聯。因此，如果你的貓曾經很愛某

個品牌的罐頭，但有一天生病了，他就有可能再也不碰那個牌子的罐頭。

🐾 5 步驟，穩定貓的飲食作息

針對這幾個挑食原因，我研發了一套預防和改善貓咪挑食的方法，只要記得下列 5 個重要步驟，就能幫助貓咪穩定飲食作息、降低壓力。這幾年我發現吃得好、吃得開心的貓，幾乎很少會有其他行為問題產生。

1 少量多餐

前面提過，貓每天平均會獵食 8 ～ 12 隻小老鼠，每隻小老鼠大約是 20g。也就是説，貓咪習慣每次吃飯只吃一點點，而且每 2 ～ 3 小時就會覓食，才是比較符合天性的行為。但是你可能要上班無法一直待在家裡放飯，所以可以在自己想放飯的時間，一次放足份量，讓貓自己調節吃飯的時間和步調。

2 製作飲食紀錄表

看完步驟 1，你可能會誤以為我在建議你無限量供應乾飼料（任食制）、讓貓吃把費，其實不是喔！貓的食慾和食量是很重要的健康指標，因此必須每天掌握、記錄他們

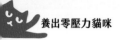

的飲食狀況。這不只可以幫助你瞭解貓咪作息，調整飲食內容和份量，也能在貓咪身體不舒服時第一時間發現問題，提供實用資訊給醫生參考診斷。

一份良好的貓咪飲食紀錄表，有幾個重點不能忽略：

♥ 餵食時間，食物的品牌、口味、份量。

♥ 放飯前，貓咪的反應：在睡覺沒興趣、很興奮喵喵叫等。

♥ 放飯時，貓咪的反應：馬上吃、聞一聞就走開、埋食物等。

♥ 貓咪吃的總量：最好用食物磅秤確切測量總共吃了多少。

♥ 其他相關行為：有無嘔吐、拉肚子、搔癢、禿毛，或餓到亂吃東西等。

這幾個重點可以幫助你觀察貓咪最近的喜好和習性。一但你養成做飲食紀錄的習慣，就可以透過飲食紀錄快速且精準地發現很多問題行為的原因、甚至是疾病的症狀。

如果爸媽放飯時，貓咪常在睡覺根本沒出現等飯，那就代表爸媽放飯的時間、或上一餐給的份量需要調整；假設爸媽強迫貓咪吃幾口，他可能敷衍一下就開始埋食物，那就代表他吃太飽還不餓；如果距離放飯時間還很久，貓咪就已經餓瘋了或亂吃東西，就代表上一餐給的份量過少，或爸媽應該早點放飯；如果放飯時貓咪明顯很期待，聞到食物後卻調頭就走，代表他不喜歡你提供的食物，你最好

接受美食家的評比，並調整菜單。

如果貓咪食量突然減少很多，代表他可能身體不舒服，爸媽最好盡快安排就醫。如果貓咪吃完新食物幾天後耳朵和肚子發紅、搔癢，停掉後 1 ～ 2 週又恢復正常，那就代表貓咪可能對新食物過敏。

3　定時定量：定時放飯、定期調整份量

餵貓時，最好的方式是「定時定量」。「定時」指的「定時放飯」，就是每天固定時間放飯。如果你要上班，可選擇 2 ～ 4 個上班和放假都做得到的時段。「定量」指的是「定期調整份量」，很多人會以為「定量」是「固定份量」的意思，所以一年四季、終其一生都給貓咪吃同樣份量的食物，或者在多貓家庭中，提供每隻貓一樣的食物份量，這是完全錯誤的觀念。

每隻貓咪的食慾、食量都不同，就像人一樣，同樣 50 公斤的兩個人，覺得吃得飽的份量可能天差地別，同一個人在冬天和夏天的食量也可能非常不同。因此，家中每隻貓、在每個季節及不同的身體狀況下，需要的份量也不同。只要你在餵食過程中發現剩飯過多，或貓咪太早吃完、過度飢餓，都需要根據季節或貓咪的狀況定期調整份量。而爸媽的腦容量有限，因此這些資訊就很需要靠飲食紀錄表來幫助判斷。

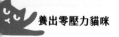

4　測試罐頭，蒐集貓咪食評百寶箱

2016 年，巴迪和邱卡巴開始治療腎臟疾病時，我決定把他們的食物轉成全濕食，停止吃乾飼料。為了探索他們的喜好，讓他們吃得開心沒壓力，我很努力測試了千百種罐頭，説千百種真的一點都不為過，測到我頭暈、測到我腦霧。後來，我常買了罐頭才發現已經測試過，挑食的巴迪有時候也很不耐煩，好像在告訴我：「上次就跟你説我不喜歡這個了！」於是，我決定提高效率，建立一個資料庫，並且取名為「百寶箱」。

如果你也養過挑食貓，一定會心有戚戚焉，在還沒掌握到飲食調整的技巧前，被貓咪打槍的機率絕對比成功機率高很多。我之所以把我的資料庫取名為「百寶箱」，正是因為每次測試罐頭發現貓咪喜歡，都會覺得像中頭獎一樣幸福，所以當我將這些罐頭品牌和口味記錄下來時，感覺就像是收進「百寶箱」一樣，想好好珍藏它～

後來我做諮商時，每次推廣「百寶箱」這個概念，很多爸媽都覺得很有共鳴，也常常在測試成功時一起歡呼慶祝，更新「百寶箱」。

如果貓咪喜歡一種食物，他們在放飯時會很興奮，爸媽一放下食物，就會毫不猶豫馬上開吃，這時你就可以判定他很喜歡。我會先在飲食紀錄裡打一個愛心；假設貓聞

了聞才吃、只吃一點點就走了，而且沒再回頭繼續吃，代表他很勉強，那我會打一個三角形，下次再試試看，才確認答案；如果貓咪調頭就走、完全不吃，或直接出現埋食物的動作，那就可以判定他完全無法接受，我會在紀錄上打一個叉叉，記得之後不要再買。每一種新罐頭和口味我會至少測試 3 次，才把最後的答案記錄下來。

最後，因為貓咪的口味跟人一樣，會隨著不同年紀、不同身心狀況影響到喜好，所以你可以定期更新，把畫過愛心的罐頭蒐集起來，做成屬於你的「專屬百寶箱」。如果你是多貓家庭，我非常推薦針對每隻貓個別製作百寶箱，你就會越來越了解你的貓，測試罐頭的成功機率會越來越高，你的百寶箱也會越來越豐富。接著，你可以利用下一個步驟，設計出零壓力菜單。

5 設計零壓力菜單，並維持新鮮感

如果你希望貓咪吃得開心，放飯時一定要謹守一個最高原則：只提供貓咪喜歡的食物。

很多人長期受到迷思影響，會不習慣做這種事，所以每次提供貓咪喜歡的食物時，總覺得心裡怪怪的不踏實，很怕會害貓生病。不過請不要擔心，我有很多類似的實證案例可以跟大家分享：巴迪和邱巴卡都喜歡吃海鮮罐頭、

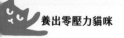

我在本書 4-6 分享的案例中，那些貓咪也喜歡吃海鮮罐頭，但這些貓都成功靠著吃自己喜歡的海鮮罐頭順利調整飲食、維持健康，因此，保持貓咪健康的關鍵不是「不能吃海鮮口味」或「一定要吃主食罐」，而是貓咪的生活壓力、開心程度、水分和均衡飲食。如果你的貓跟他們一樣也喜歡這種「傳統禁忌」，請放心探索，後面我會跟你分享更重要且正確的健康飲食觀念。

我常常碰到爸媽問：「我給貓咪吃他喜歡的罐頭後，他就再也不碰以前的食物了，我是不是把貓咪的嘴養刁了？」其實這些貓咪只是從來不知道他有選擇，如果可以比較，你不也會選擇自己喜歡的食物嗎？同時，這也代表他以前吃的都不是他真心喜歡的食物，他只是為了生存而吃，完全沒有樂趣可言。因此，很多爸媽在開始提供貓咪喜歡的食物後才發現，原來貓咪吃飯是會呼嚕的！跟以前那個像殭屍一樣吃著健康食品的貓咪判若兩貓！你不覺得貓咪這樣活著才不枉此生嗎？

貓是一種非常喜新厭舊的動物。曾經有個行為學發現，只要給貓咪連續吃相同的食物 6 天，第 7 天不管你給什麼，就算是他不喜歡的東西，他也會不管三七二十一統統接受。此外，如果你長期只給貓吃同樣品牌的罐頭，即使他原本很喜歡，有一天也會吃膩，而且會再也不碰那個罐頭。

　　許多貓咪願意長期只吃單一食物，只要稍微有點變化就拒食，其實是典型的「食物恐新症」（3-4 會再詳細解釋），並不是正常的行為，正常的貓咪應該是要喜新厭舊的，看到新事物也要覺得好奇想探索。因此，如果你能用我分享的技巧設計零壓力菜單，你的貓才會越來越像正常的貓，對新食物充滿好奇、勇於嘗試。久而久之，甚至會願意開始探索以前無法接受的食物，你就能順利轉食，或者介紹你希望貓咪可以接受的健康食物給他認識了！

　　不過在設計零壓力菜單前，一定要先記得每天規律做飲食紀錄、測試罐頭，並蒐集專屬百寶箱。接著，每天在思考菜單時，回溯貓咪近期的百寶箱內容，選擇他最近吃過、喜歡的食物，同時，每個品牌跟口味在提供之後，至少 24 小時以內不要再重複提供，最好是 24 小時以上再提供（也就是給一天、休一天）。簡單來說，如果你的百寶箱很豐富，那你可以每天、甚至每餐都給貓不同的品牌和口味！假設你才剛開始探索，可能只有 2 ～ 3 種食物可以替換，那也沒關係，可以針對當下的狀況，把食物重複出現的週期盡量拉長就好。

　　不過這個方法比較適合濕食，如果你的貓只吃乾飼料，就不適合天天替換（一次買好幾十種乾飼料太浪費啦），可以改成吃完一包後再更換菜單，不要連續重複就可以。

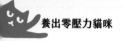

2-2

打造一個
適合貓咪的家

貓也需要「看電視」

如果你每天只能宅在家，不能看電視、打電腦、刷手機、沒有報章雜誌可以讀，不能跟朋友聊天打屁，家裡也沒有其他成員，你是不是會無聊到發慌？貓咪也一樣喔！

貓是天生的獵人，狩獵就是他們每天作息的一部分，如果沒事做，貓就會找事做，他可能會製造許多假想敵，所以他會啃你的耳機、吃你的髮圈、玩你的小物、咬你的

沙發，或者也可能變成整天睡覺吃飯的廢咖，對任何事物都沒有興趣，甚至容易因為環境有變化而焦慮。

如果想避免這樣的問題，我們可以讓貓「看電視」，豐富貓咪的視覺、聽覺、嗅覺等感官刺激。「貓電視」的做法很簡單，把握以下 4 個重點，就能輕鬆布置天然的「貓電視」！

1 挑選「電視節目」

利用家裡的窗戶，觀察窗外有什麼景色，挑選能看到人、車、鳥或曬得到太陽的位置，記得，貓咪的身高與我們不同，別忘了蹲下來用他的視角測試他能看到什麼。

2 做好意外防護

貓在「看電視」時很容易一看到獵物就失去理智，忘了自己住幾樓，歷年來，貓咪墜樓事件層出不窮，為了避免意外發生，如果窗外有鐵窗，或公寓有前後陽臺，可綁上不鏽鋼網並搭配 PC 板防護，就能讓貓在陽臺曬太陽、看風景，呼吸戶外空氣增加嗅覺刺激，也能增加聽覺刺激。

如果家裡沒有陽臺，只有窗戶，也可以把網格架在紗窗內的窗戶軌道上，這樣萬一貓咪撲向窗戶，也可以預防紗窗意外脫軌，但窗戶仍可自由開關，既不影響使用，又能確保貓咪的安全。

安全第一。

鐵窗空間可以做成最棒的 4D 電視。

窗戶也要記得做好防護喔！

3　布置舒適的「貓沙發」

在窗前擺一張桌子、架子或貓跳臺，調整到貓能趴著或躺著看的高度，再點綴幾個可以讓貓留下氣味的物品，例如貓床、紙箱、貓抓板，就像是你家客廳那座舒適的沙發，讓貓看電視時舒服得流連忘返，就能成功製造「沙發馬鈴薯」。

4　娛樂不求人

最後記得動動腦，讓貓可以隨時想看就看不求人。如果你的窗戶是毛玻璃，關上就看不到風景，可以換成透明玻璃，就算關上也能讓貓看得到風景；如果你習慣拉上窗簾，也可以把窗簾披在貓沙發上，讓沙發介於窗戶和窗簾間，既保護人類隱私又能讓貓看電視看個過癮，有些貓甚至會覺得這個空間很隱密，愛不釋手。如果你的貓電視在陽臺，可以在紗窗或門上裝貓門，大部分的貓都是夜貓子，半夜醒來沒事做，就不會無聊到擾人清夢，可以自由進出看電視。只要家裡有這樣可以讓貓集中精神、滿足好奇心的地方，保證貓咪每天行程滿滿，心情也會 100 分！

🐾 貓咪的姓名貼紙

你應該聽過這個理論：對貓來說，每個人都是他的室

友。好吧！也許你會覺得：「我的貓把我當媽媽啊～」我也這麼覺得。但老實說，我從來不覺得我的貓有過「你是我媽媽，所以我要把這個位子讓給你」的想法。因為在貓的世界裡，人人平等，或者應該說眾生平等。所有在同一個屋簷下一起生活的動物，都是共享資源的。

於是你會發現，貓會跟你搶沙發、搶枕頭、搶床鋪。貓跟貓之間也會為了貓床、跳臺、紙箱大打出手。而且無論這一回合優勝者是誰，下一回合鹿死誰手都很難說。我常常去上個廁所，回頭就已經沒位子可以看電視，也常常看到諮商爸媽蹲在地上打電腦，貓則窩在他們的電腦椅上。而在爭奪戰的過程中，貓常會出現兩個招牌動作，那就是「磨蹭」和「抓抓」，這就是他們的「姓名貼紙」。

如果你曾經跟室友住過，可能有這樣的經驗。當你發現冰箱買的食物常被室友吃掉，最愛的文具都被室友借去用，連自掏腰包買的沙發都被室友占據，你可能會一氣之下貼上姓名貼紙，把屬於你的東西統統宣示主權！如果你那厚臉皮的室友居然也做一樣的事，你貼一張他就貼一張，每次使用你都發現，室友的貼紙居然又蓋過你的，你可能會再補貼一張，就此展開「姓名貼紙大戰」！

貓的生活就是一場「姓名貼紙大戰」。貓的臉頰、身體兩側還有腳底，都有腺體可以釋放費洛蒙，他們會用磨

蹭或磨爪子的方式，在共享資源上留氣味，貼上自己的「姓名貼紙」。這時如果有其他貓咪也做一樣的事，或者爸媽也去使用並留下味道，那你們就是「厚臉皮室友」，硬是把自己的姓名貼紙覆蓋上去！所以你會發現，貓咪睡覺醒來的第一件事就是巡邏地盤增強氣味，補貼他的姓名貼紙，尤其是公貓。

如果你的貓發現他的姓名貼紙很快就被覆蓋，貓會越來越沒有安全感，也會沒有歸屬感，就會引發焦慮。所以，一個健康的人貓共享環境中，需要許多可以貼姓名貼紙的資源，讓貓的姓名貼紙不會輕易被覆蓋。而貓咪喜歡貼姓名貼紙的地方，通常是容易留下氣味的材質，如布類材質的東西（床鋪、枕頭、衣服、腳踏墊）、沙發、抓板、地毯、紙類物品等，你可以在家中四處點綴這類的物品，就能讓貓在日常生活中充滿安全感。

除了用磨蹭和磨爪留下費洛蒙氣味，貓咪還有一個終極的姓名貼紙，那就是「尿液」。在正常情況下，貓只需要定時巡邏，在家中各處物品上留下費洛蒙就能覺得有安全感。但如果家裡僧多粥少，可以貼姓名貼紙的地方太少，想貼姓名貼紙的貓又太多，有些貓就會使用他們的「終極姓名貼紙」──噴尿。

氣味集中站：貓砂盆的零壓力擺設法

除了費洛蒙，貓上廁所時也會留下氣味，因此，砂盆是貓咪的氣味集中站。很多人以為小貓需要有爸媽教導才會使用砂盆，其實用砂盆上廁所是每隻貓的天性喔！只是每隻貓喜好不同，有些貓遇到不喜歡的砂盆就會選擇在砂盆外的地方大小便。

不過，雖說每隻貓對砂盆喜好不同，但在行為學研究中，我們確實還是有統計出絕大多數的貓都能接受的完美砂盆公式。對貓咪來說，一個完美的砂盆需要讓他能感到安全、舒適，同時滿足他的排泄需求。這樣的完美砂盆必備以下 5 個條件：

1 無味礦砂

所有貓都喜歡礦砂，這是無庸置疑的行為研究。在野外，浪貓會在盆栽或花園上廁所，利用塵土掩埋糞便，這就是使用礦砂的行為。可惜的是，礦砂很重、倒垃圾麻煩、粉塵多也不環保。在推廣礦砂時，我最常遇到的問題是人類不願意使用礦砂，有些人甚至寧可忍受貓咪亂尿也不換礦砂。有些人認為只要貓會乖乖使用砂盆，不喜歡也沒關係，不需要換礦砂。

另外，在選購礦砂時需要特別注意，貓的嗅覺比人類

敏感 5 ～ 10 倍，因此一定要買無味的礦砂，任何香精或除臭劑對貓來説都非常刺鼻，會影響貓咪對砂盆的好感。

2 無蓋寬敞

貓雖然是獵人，但也有天敵。排泄時是貓最脆弱的時間，得眼觀四面、耳聽八方，看到苗頭不對就逃跑。所以無蓋砂盆是安全首選，在天敵或討厭的室友出現時，才能快速逃跑，不會在唯一的出入口被堵住。此外，砂盆沒有蓋子通風也比較良好，可以有效預防異味叢生，造成貓咪困擾。

而砂盆大小也會影響貓咪上廁所的「準度」，寬敞的貓砂盆必須讓貓咪可以在進入後有充裕的空間轉身，才能從容地選擇自己喜歡的角落，精準地把大便或尿尿留在砂盆裡。有些專家建議砂盆大小最好是貓咪身長（含尾巴）的 1.5 倍，不過我覺得生活在都市狹窄的公寓裡，這個要求實在很難達成，所以我認為只要貓咪在轉身時，身體不會碰到或凸出砂盆，就可以算是合格的大小了。

值得一提的是，有些人雖然選了無蓋砂盆，卻把砂盆靠在牆角，貓在使用時會被牆壁阻擋，造成四隻腳雖然蹲在砂盆裡，屁股卻凸出來，大便和尿尿就時常落在砂盆外。如果你家常發生這種事，只要把砂盆拉出來不靠牆，就能解決這類問題了。

3 數量充足

大部分的貓都偏好便尿分開，也就是說，在想尿尿也想大便時，大部分的貓都會在一個砂盆尿尿，然後到另一個砂盆大便。因此，最標準的砂盆數量公式是「貓數 +1」。如果你養 1 隻貓，就要準備 2 個砂盆，如果養 3 隻貓，就需要準備 4 個砂盆……以此類推。

4 便利但隱密

砂盆的位置對貓來說也非常重要，在野外，上廁所的位置攸關性命，如果暴露在危險中，可能會被狗攻擊。在多貓家庭中，上廁所的位置則攸關隱私，如果有討厭的貓出現會不會被欺負？如果爸媽看到會不會被打擾？萬一兄弟姐妹也想上廁所，能不能迴避？

因此，家裡的每個貓砂盆都應該分開擺不併排，幫助貓咪避開同伴與人類，好好專心上廁所。同時，砂盆應該放在方便到達的地方，如果你家很大，最好確保每個空間都有足夠的砂盆，家裡的懶貓、胖貓才不會懶到就地解決。

5 保持清潔

由於貓的嗅覺比人類更靈敏，雖然砂盆裝的是自己的便尿，但放久了貓咪還是會嫌棄。就像人類看到疏於打掃的公廁，有些人會憋著不上，憋不住的人就可能隨地大小

便。在理想狀態下，貓砂盆每天至少需要清潔 1～2 次，有些礦砂凝結力較差，清砂盆時容易有「遺珠」，砂盆就會整盆臭掉，因此最好選擇凝結力好一點的礦砂，也可以保持砂盆清潔。

更講究一點的行為學家會建議每個月、或每 3 個月清洗砂盆，並把礦砂全部換新。不過別忘了，貓砂盆也是貓咪的氣味集中站，能讓他們留下氣味、創造安全感。有些爸媽對砂盆有非常執著的潔癖，尤其是在家工作的舒活族或全職家庭主婦（夫），只要看到貓咪排泄就會馬上清砂盆，有些貓反而會因為砂盆氣味不足而缺乏安全感，引發焦慮，反覆進出想補充氣味。因此，貓砂盆過與不及的清潔程度都會引發問題，建議大家不要太激進，應該尋找平衡點。

 2-3

感情取決一切的 人貓互動

 ## 照護的尺度與調配

貓雖然是很獨立的動物，不需要外出散步、也不需要訓練大小便，只要每天清理砂盆就可以，但有些照護還是需要費心，例如定期幫貓剪指甲、清耳朵，有些貓有眼屎問題要清，或常常踩到大便需要擦腳。很多人這時才會發現，平常看起來獨立撒嬌的貓咪根本變了樣，這些看起來平凡無奇的照護，執行起來簡直是不可能的任務！

不過其實，貓並非完全無法接受人類碰觸，而是他們只給「VIP」照顧。如何成為貓咪心目中的 VIP？有一個最關鍵的重點，你需要買「照護儲蓄險」。

零存整付的照護儲蓄險（和你的解約費）

「照護儲蓄險」的運作概念跟人類的儲蓄險一模一樣。你平時給貓咪的好印象：摸摸讓貓開心、餵貓讓貓雀躍、陪伴讓貓平靜、遊戲讓貓興奮，這些親密的感情和回憶就像是一筆一筆的錢，一點一滴存進貓的記憶金庫裡。當你需要執行貓咪討厭的照護（例如剪指甲），那就是領錢的時候。如果是生重病看醫生，要做一大堆可怕的檢查，對貓來說，就像是你要跟他「提早解約」，你可能還得加付解約費！

在領錢時，你提領的錢會根據照護項目不同，有不同金額。你跟貓感情越差，或貓越敏感、你要摸他越討厭被碰觸的地方，金額就越高。而平時存款時，你儲蓄的金額也會根據貓的感受有不同價格。我為大家整理了常見的零存整付價碼，你可以按一按計算機，就知道最近自己有多少錢可以提領。

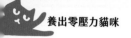

貓咪的零存整付價目表

常見提款價目表	高價位	看醫生、看醫生前被追捕、抓進外出籠、住院、手術。
	中價位	剪指甲、每天刷牙、每天吃藥／點藥、清耳朵。
	低價位	梳毛、清眼屎、擦藥、被強迫摸摸。
常見存款價目表	高價位	吃零食、玩遊戲。
	中價位	撒嬌摸摸、抱抱。
	低價位	靜靜陪伴不打擾。

切記！每次想領錢之前都要記得清算自己近期有多少資產、好好分配提領，如果提早把錢領光才發現臨時又得加碼提領，那可能就得「盜領」，把貓咪金庫掏空的後果不堪設想，你不只會被貓咪剔除 VIP 名單，更可能跌入黑名單！

🐾 最快的存錢方式：互動遊戲「模擬狩獵」

貓咪是獵人，如果想討他們歡心，幫助他們紓壓放鬆，最快、最有用的方法就是陪貓玩互動遊戲，也就是模擬狩獵。互動遊戲顧名思義就是人貓有互動的遊戲，可以找釣

竿類的貓玩具,用模擬獵物的方式誘導貓咪追蹤並攻擊。不過貓咪打獵是有特殊偏好的,如果模擬獵物的技巧太差,他可能會完全不理你,或是逃跑。

跟貓咪互動遊戲時,要留意幾個訣竅:

1　尋找最佳時間

貓在野外的作息是打獵、吃飯、洗澡、睡覺,因此大部分的貓在肚子餓時,會特別想玩遊戲。吃飽的貓咪就像人一樣血糖上升、只想睡覺,所以選擇最佳遊戲時間跟貓互動,才會事半功倍。

2　陪伴要專心

想像一下,下班回家,你很想跟另一半聊天分享心情,他卻邊看電視邊敷衍你,你會不會覺得很傷心?同樣的道理,如果爸媽抱持著交作業的敷衍心態,一邊看電視、滑手機,一邊沒有靈魂地跟貓咪玩遊戲,貓也會覺得跟你玩很無趣喔!

3　玩具不碰貓、難易要適中

貓咪在打獵時會先觀察獵物的等級,做風險評估,捕捉太強的獵物可能會害自己受傷,不值得,因此,如果你把玩具丟到貓身上,就像獵物要直接攻擊他,貓可能會選

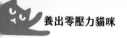

擇逃跑不捕捉。相反地,太弱的獵物看起來不太健康,捕捉後可能會有傳染病,風險太高,所以如果獵物動得太慢,看起來像是要死掉一樣,貓也可能會選擇放棄不出手。

4 獵物要停頓

貓咪會先觀察獵物才出手捕捉,而他們決定要「出手」的那一瞬間,一定是獵物比較脆弱的時候,成功機率才會高,像是小鳥落地停下時,老鼠閃神不注意時,蟑螂停下不動時,因此,你的模擬獵物一定要適時停下來,才能順利引誘貓咪出手捕捉。

5 垃圾即玩具

如果你的貓還沒有玩遊戲的習慣,剛開始可能會對環境中的新事物很敏感,甚至害怕你買的新玩具。建議可以先找身邊的日常用品當作模擬獵物,很多小垃圾都能成功吸引貓咪的注意,像是吸管、吐司綁帶、束線帶、包裝紙揉成小球、貓咪廢毛做成的毛球等。不過,如果你的貓會亂吃東西,互動遊戲後要記得收好。

2-4

爸媽出遠門，
怎麼處理最適當？

你多久沒跟家人一起出門旅遊了？說來慚愧，2013 年是我和家人養貓十幾年來第一次全家出遊，而且是因為我要結婚，婚禮辦在峇里島，所以我爸媽一定要出席，否則他們應該還是會選擇留在臺灣照顧毛鼻。

　　成為貓咪行為諮商師後，我才發現我不孤單，有好多人在養貓後就不曾全家一起出遊，因為貓害怕出門，家人又捨不得送旅館，如果把貓留在家裡，就算請親友來照顧也玩得不安心，最後乾脆委屈自己犧牲玩樂的時間，或全家人輪流出國，確保有人看家照顧貓。

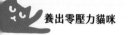

如果你也是養了貓就不曾旅行的人，我來分享可以讓貓放鬆等你回家的方法，你就能安心出門遊玩。我在婚後又養了 3 隻貓，但我們每年都會花 1 個月的時間旅遊或探望公婆。我的爸媽也因為參加婚禮那次的正向經歷，開始放心每年安排旅遊。許多不曾旅行的諮商家長，利用了我教的技巧挑選適合的照護人後，也能放鬆旅行，希望讀完這個章節，我也能幫助你放心著手安排家庭旅遊！

選擇照護方式

大部分人在安排旅遊時會想省錢，讓貓獨自看家、請親友探訪，或把貓送到親友家請對方照顧。不過貓看起來雖然獨立，其實非常敏感，獨自看家容易過度無聊，隨意變換環境則容易過度緊張，加上貓很會忍耐，如果臨時有病痛，親友又不懂得觀察，可能無法即時發現幫助貓咪。因此，建議在規劃旅遊時，慎選照顧貓咪的方式。

貓旅館

有些傳統寵物店會附設住宿服務，讓貓住在櫥窗裡，這樣的住宿服務非常不適合害怕出門的貓咪，貓容易被店裡往來的人流驚擾。有些動物醫院也有寄宿服務，但是健

康的貓跟生病的貓住在同一個空間風險很高，萬一有傳染病，貓咪會因為剛換環境心理緊張、免疫力低下，更容易受感染。如果醫院有不舒服或焦慮亂叫的貓，也會影響寄宿貓的心情，就好像你出國旅遊不住飯店，卻改住急診室一樣，整晚一直聽到隔壁床不舒服的呻吟聲，不覺得很驚悚嗎！

不過，如果你的貓不太害怕出門，確實可以選擇貓旅館借宿，只要避開上述兩種高風險的住宿環境，並符合以下建議，就能降低貓咪換環境的緊迫感。

1 清潔衛生

大部分合格的貓旅館都會要求入住貓咪附上疫苗證明。每隻貓咪 check out 後，旅館也會徹底消毒住宿空間，預防傳染病。有些旅館更會嚴格規定住宿年齡，加強預防傳染病潛伏期。這些都是非常基本的清潔衛生規格。

2 環境豐富

貓旅館除了提供基本設備，最好還要有垂直空間、躲藏空間，甚至是窗景，如果能讓貓曬得到太陽更加分。大部分貓咪在轉換環境時會緊張，垂直和躲藏空間可以讓貓更有安全感、更快適應環境，窗景則能讓貓在等爸媽回家的過程中有貓電視可以觀賞，比較不無聊。同時，旅館應

該要有照護人每天跟貓咪互動，模擬狩獵或摸摸安撫、陪貓說話等。

3 多貓管理

選擇住宿環境時，建議爸媽先親自到場了解，旅館是否會將住宿的貓咪一起「放封」？貓跟狗不同，貓是非常慢熟的動物，無法跟其他貓咪「一見如故」做朋友。大部分的貓從見到一隻陌生的貓，一直到熟悉對方氣味、一起相處，至少需要 1～2 週的時間循序漸進，因此，貓咪住宿並不適合群體放封。如果你的貓在換環境已經很緊張的狀況下，每天還得跟一大群陌生貓咪打交道，絕對會造成非常大的壓力。有些貓咪根本不曾跟貓相處過、沒有社會化，更容易在這樣的環境中跟他貓起爭執，或被貓欺負，需要特別注意。

此外，多貓家庭也不建議把 2 隻以上的貓放在過小的空間裡，住宿空間過於狹窄會造成貓的心理壓力；在家裡已經不合的貓也一定要分開，才不會造成多貓不合惡化。

4 照護回報

管理良好的貓旅館會提供監視器，讓爸媽在外地一解相思之情。同時，旅館也會有專人每天回報貓咪的身心理狀況，食量、便尿、精神狀態等，讓爸媽更安心。

🐾 貓保母 —— 貓咪當家更安全

近十年，臺灣開始興起貓保母這個行業，有貓保母媒合平臺、甚至還有專業的保母證照可以考取。不過臺灣與西方文化不同，我們不太習慣在出遊時讓陌生人自由進出家門，很多人都需要先克服心理障礙，才願意請貓保母到府照顧貓咪。

我和爸媽跟許多人一樣，也不習慣陌生人到家裡，不過長年下來，我們請了不少信任的貓保母到府照顧家貓，甚至連娜娜姐姐在腎衰、癲癇期間，保母也都細心照料，讓我們放心出遊，所以我想分享一些我的挑選經歷，幫助你克服心理障礙，找回安心放鬆出遊的自主權。

大部分人會用三種方式尋找適合的保母：網路搜尋、媒合平臺、親友推薦。我用的方式是網路搜尋，而我的學生則是三種都會用。在搜尋時，你可以特別注意幾個重點：這個保母評價如何？他有沒有養貓？他的風格是什麼？有些保母有自己的粉絲專頁或部落格，你也可以追蹤觀察保母照顧的風格是不是你喜歡的方式、保母平常準不準時？負責任嗎？歷年來有沒有消費爭議？

貓保母必備特質

大部分貓咪都喜歡輕聲細語、動作輕柔的人類，而且，大部分的貓咪都喜歡跟爸媽長得很像的人：無論是身高、體型、氣質、動作、打扮，越像越好。貓咪其實並不會搞混，但就像人類會跟好友相像一樣，貓咪會覺得跟他們很合得來，相處起來很舒服。所以如果你的貓在家裡最愛的人是媽媽，那你就可以找長得類似媽媽的女性保母。

記得要面試

有句話說「見面三分情」，我覺得無論對人貓來說都是如此，有些人見面了才能確定談吐、氣質。所以我非常推薦大家在做決定前，先請保母到家裡面試，除了判斷適不適任，也可以觀察貓咪對保母的反應。每隻貓個性不同，他們也有自己的喜好，爸媽不在時，如果是自己喜歡的阿姨叔叔來家裡照顧他們，貓咪會更開心、也會適應得更快。

有些人會問：要面試幾次才適當？面試過程中需要問什麼問題？我通常會建議大家直接付保母鐘點費，就把保母當朋友一樣請來家裡泡茶聊天，無論想知道什麼都可以問，多多了解彼此、培養感情吧！一旦你認識了保母、也喜歡保母，在交出家裡鑰匙時，就會像把家裡交付朋友照

顧一樣，多一分信任和安心的感覺。

出遠門前先練習

如果你的貓會怕陌生人，保母到府時可能會嚇得躲起來，你也會很緊張。不過別擔心，在 2-5 我會分享更多「訓練貓咪不怕陌生人」的技巧。如果請保母到府照顧貓，只要在出遠門前多練習就能改善了。

很多人以為請保母到家裡貓咪壓力會很大，其實對害怕陌生人、害怕出門的貓來說，跟送旅館、請陌生親友到家裡長期住宿比起來，請保母到府照顧是壓力最小的方式。因為貓咪生活在自己熟悉的環境中，而保母出現時間有限，壓力來源很快就消失，他們也能快速復原。而且，害怕陌生人的貓在熟悉的環境中可以更快克服對陌生人的恐懼，也就是說，只要保母多來幾次、多練習幾次，保母也可以變成他們熟悉的家人。

巴迪就曾經是極度害怕陌生人的貓，經過這幾年的練習，就算他一年只見到保母 1、2 次，他都不曾忘記，而且保母已經變成媽媽不在時的「代理媽媽」，有時候我甚至會覺得我可以一直不回家都沒關係呢（笑）。

在你的貓習慣保母之前，可以先安排簡單的一日遊，

請保母到府餵貓，這時有個重要的技巧一定要請保母做到：透視怕人的貓咪。保母只要到府清砂盆、提供食物，不看貓、不說話，完成後馬上離開貓咪躲藏的空間，並搭配監視器觀察貓有吃飯就可以，如果剛開始貓真的太害怕、完全無法吃飯，那只要保母一離開家裡，貓就開始進食也可以。

練習幾次後，你的貓應該會慢慢進步，他躲藏的時間會慢慢縮短，這時你就可以把出門時間漸漸拉長，除了讓你慢慢習慣保母到家裡照顧貓咪的感覺，也可以讓貓慢慢習慣保母的氣味。不過我要特別提醒，有些保母並不提供清掃服務，如果長期出遠門，還是要另外請人到家裡幫忙打掃倒垃圾，維持貓的生活環境整潔衛生喔！

至於保母到府的頻率也非常重要，很多人為了省錢，可能會請保母 2 ～ 3 天才到府一次，這對貓咪照護、環境衛生或居家安全都非常不妥。保母至少每天要到府 1 次，全濕食家庭則是 2 次比較恰當，而且每次都要有足夠時間清理砂盆、陪貓遊戲或摸貓，除了基本照護，維護貓咪的心理健康也非常重要！

克服陌生人
來家裡的恐懼

貓會害怕陌生人，通常跟基因或社會化過程有關。行為研究發現，貓媽媽如果是怕人的浪貓，生出來的小貓通常也會怕人。小貓在出生後 2 週就開始社會化，2 ～ 7 週是社會化黃金期，如果想預防貓咪害怕陌生人，讓貓在 16 週前盡量探索各種氣味、接觸各種動物（包括人）最有效。不過，很多人收養貓咪時，早就過了這段社會化黃金期，如果你的貓已經會害怕陌生人，也可以透過刻意安排的練習，幫助貓慢慢改善、克服恐懼。

🐾 幫貓打造安心基地

貓在害怕時，如果有個「安心基地」可以躲藏，就能安撫自己、恢復勇氣。如果你不曾幫貓打造安心基地也沒關係，就算爸媽沒有特別規劃，貓也會自己開發。通常只要環境允許，貓咪自己開發的安心基地都會是距離客人最遠、或離自己最近的地方。你可以觀察看看你的貓在家裡有陌生人來訪或平常害怕時，他會躲在哪裡？很多貓會躲在主臥室的棉被裡、床底下或衣櫃裡，那你就可以在主臥室添加一些可以躲藏的貓物，如貓繭、外出籠、紙箱、隧道，擺在貓咪常躲的地點旁邊，讓貓留下味道，這樣一來，主臥室就能成為貓咪專屬的安心基地。

🐾 家有訪客要事先隔離

等安心基地完成後，你的貓應該會愛不釋手，只要覺得有點心慌就跑去躲一下，或每天在那午睡。客人來訪時，你可以提前 15 ～ 30 分鐘先把貓的食物、砂盆全部移到主臥室，接著引導貓咪進入他們的安心基地，並把房門帶上。客人來訪時，你可以在臥室刷手機、看書陪貓，或定時進房間關心貓咪，同時觀察貓的肢體語言。一開始，你的貓可能會跟平時一樣，嚇得完全不敢動彈，但只要你每次都

事先隔離，很快你就會發現，貓咪就算在客人來訪時也能在臥室裡放鬆活動、正常吃喝上廁所，這時，你就可以把臥室門半掩，讓貓自己決定是否躲藏。大部分的貓會在門打開後又變得警戒，但如果可以再回安心基地冷靜一下，通常他們很快就會感到好奇，想找機會偷窺家裡究竟發生什麼事。

邀請親友幫你練習

除了平時客人來訪可以練習，也可以邀請親友特別來家裡練習。不過，有一些技巧需要特別注意！一開始，建議先找一、兩個說話輕柔的朋友就好，大部分貓咪都喜歡輕聲細語的人，跟爸媽相像的人更好（這部分在 2-4 提過），親友到家裡後，請大家完全不要注意貓咪（包括你也是），你和客人可以選擇做一些需要專注力的活動，例如：看電影、打牌、玩桌遊、聊天，最好讓所有人都專注在貓咪以外的事物上，貓會最有安全感。同時，大家必須繼續保持輕聲細語，不能突然大吼大叫，所以玩 wii 或心臟病就不是很好的選擇。如果可以，請客人留下來過夜更好，徵求訪客同意，讓貓咪好奇時可以自由進出對方的房間，你的貓半夜一定會出來探索，聞聞客人的衣物、甚至跳到床上仔細「研究」客人的氣味和模樣。只要讓貓在人類完全沒發

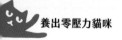

現（或假裝沒發現）的情況下自由探索，貓咪很快就能克服恐懼，短則幾個月，長則 1～2 年，他就會不怕陌生人了。

2-6

新貓來敲門──
再養一隻貓的
注意事項

你想再養一隻貓嗎？貓爸媽有個特質，很多人養了第一隻貓後，就會想添第二、第三、第四隻。雖然在傳統觀念中，大家一直認為貓是獨居動物，但從 1978 年開始就陸續有科學家發表研究證實，在資源和食物充足的狀況下，貓會有自己偏好的群體，也能成為快樂的類群居動物。

🐾 養新貓的常見問題與迷思

如果你決定再養一隻貓，那你挑選的新貓最好能跟舊貓合得來。大部分人在挑選新貓時，最在意的可能是貓的「性別」和「花色」，也有人會指定要「小貓或幼貓」。但其實，你應該挑選的關鍵是「個性」。如果聽信網路上的謠言和迷思挑錯貓咪，反而容易釀成多貓打架。

迷思 1 ：聽說小貓比較好教、比較親人

我在 2-5 提過，行為研究發現，如果貓媽媽怕人，小貓也會怕人！小貓的社會化黃金期是出生 16 週內，在這段期間，小貓要大量接觸人類才有機會親人。而且，小貓也必須等 12 週後再離開媽媽和兄弟姐妹，長大後的行為才會穩定。少了這些社會化過程，小貓是無法天生親人的。太早離開群體的小貓，長大後也會有不少行為問題，包括容易害怕新事物、出現分離焦慮、過動、強迫症，以及攻擊行為。

此外，貓的個性要在成熟後才會穩定，大概是 2 到 5歲間，所以養小貓其實就像得到一個「健達出奇蛋」，你得等 2～5 年後打開，才能看到裡面包了什麼禮物。而貓咪的學習程度，是取決於過去的經驗和記憶，如果你不懂貓，不知道怎麼用正確方式教育他們，他們只會跟人越來

越疏離。很多人都有這樣的經驗：家裡最不親人、最兇、最愛咬人的貓，往往都是從小帶大（養壞掉）的貓；而家裡最撒嬌、最黏人的貓，反而是流浪過的成貓，所以貓咪不一定是年紀越小、個性越好。

迷思 2 ：我的貓年紀大了，想找小貓增加他的活動力

小貓還在學習階段，喜歡和兄弟姐妹互追互咬練習狩獵，而且小貓精力旺盛，不需要長時間睡眠，玩累了睡 5 分鐘就能快速充電。如果你的老貓體力不支，很容易成為小貓遊戲時，模擬狩獵的「假想敵」；加上老貓如果常要應付小貓的騷擾，反而容易壓力過大造成免疫力下降，體弱而生病，像是無菌性膀胱炎、禿毛、焦慮不吃飯等，都是常見的問題。所以，老貓家庭最適合收編的新貓，應該是跟原貓年紀相仿、或體能差不多的成貓。

迷思 3 ：我的貓很皮，是不是要選文靜的貓，個性互補？

調皮的貓天生好動，可能需要很多刺激才會覺得滿足，例如：長時間遊戲、與人互動說話、到處跑跳攀爬；文靜的貓剛好相反，他們喜歡安靜看風景，默默待在爸媽身邊，而且他們的個性常常被動又害羞，因此，文靜的貓反而容易被好動的貓欺負，在家也容易變成弱勢的「箭靶」，造成生活壓力過大，引發相關的壓力型疾病。

迷思 **4** ：我家有貓剛過世，另一隻貓會不會難過？需不需要養新貓跟他作伴？

美國防止虐待動物協會曾做過研究，多貓家庭如果有貓過世，46% 的貓會食慾減退，70% 的貓會改變叫聲，而且無論原本多貓的感情是好是壞，都是如此。這項研究顯示，對大部分的貓來說同伴過世都是創傷，所以貓跟人一樣，遭遇創傷時需要多休息、維持正常作息，也需要家人的關愛與陪伴，並不是認識新貓、適應更多變化。

新貓加入，正確引介才是幸福關鍵

多貓打架、亂大小便、挑食、過度舔毛等問題，往往都是在家中貓口變多後出現，但都可以事先預防；換句話說，從你計畫再養一隻貓，到看貓、選貓、領養回家的過程中，要懂得運用正確的方法和技巧，才能有辦法讓新貓和舊貓相親相愛，建立和諧幸福的多貓家庭。

在人類的世界裡，我們常在認識新朋友時握手寒暄，但貓可不是這樣交朋友的。如果把兩隻素昧平生的貓直接放在一起，他們絕對會抓狂。

這幾年貓咪行為學的資訊越來越廣為人知，如果你上網查「貓咪引介」，一定會找到各式各樣不同的資料，越

來越多人都了解，貓是慢熟的動物，對氣味、聲音等感官非常敏感，需要用循序漸進的方式認識新成員，才有辦法慢慢接受對方，而循序漸進的過程，就是所謂的「隔離」和「引介」：透過把新貓和舊貓隔開生活的方式，讓貓咪透過人類安排的引導和介紹練習，慢慢熟悉並接受彼此。

如果家有新貓，究竟該怎麼做才能讓貓不抓狂呢？其實，只要按照 4 個階段進行，就能順利讓舊貓接受新貓。

階段 **1**：**隔離**

帶新貓回家時，首先要找一個房間把貓隔離。隔離時，記得選擇「有窗景」的房間，才能打造貓電視，預防新貓因為過度無聊不停嚎叫，或千方百計想逃跑。這個房間最好不是舊貓每天一定要去、最愛的地方（例如爸媽的主臥室），以免舊貓不停想闖進去一探究竟。此外，換環境對貓來說壓力很大，新貓剛到時會需要一段時間適應生活，才有能力和其他貓咪打交道，隔離除了是讓貓喘口氣，也給你一點時間瞭解他的個性、喜好和習慣，才能幫助他融入新家庭。

階段 **2**：**交換氣味**

貓是用氣味辨別群體的動物，所以交換氣味對貓來說就像是人類的「握手寒暄」。你可以每天交換貓趴過的毛

巾、睡窩，或磨爪的抓板，只要他們不會對其他貓使用過的東西哈氣、亂尿，就能持續交換。交換物品一段時間後，可以讓新舊貓交換空間、自由探索，等所有的貓都能在家自在走動，正常生活，就是時候進入下一個階段了。

階段 3 ：建立好印象

在進行階段 3 前，必須先在隔離新貓的房門口裝上柵門，讓貓看得到卻碰不到對方，然後每天定時做見面練習：隔著柵門餵貓吃零食、陪貓玩遊戲。這個階段非常重要，貓會依據這些經驗決定未來要喜歡或討厭對方，如果每次見面都有開心的感覺，就會對彼此留下好印象。

吃零食或遊戲的時候，請特別注意貓的肢體語言，如果貓咪出現 FAS 反應（參考 3-1），要立刻把舊貓和新貓之間的距離拉遠，如果 FAS 不減反增，那就應該結束見面練習，等貓恢復正常後再進行。每次練習的時間可以從 3 分鐘開始慢慢增加，練習頻率也可以循序遞增，例如從 3 天 1 次慢慢進步到 1 天 3 次。

階段 4 ：在監督下見面

如果每次見面練習，貓都沒有發生衝突，就能正式打開柵門讓他們共處一室。不過，爸媽需要先在場監督。此外，請記得先將家裡的環境和動線調整成適合多貓的空間，

增加砂盆、食物、水等重要資源，才能避免貓咪為了爭奪資源吵架。等到每隻貓在見面時都能正常活動，新貓的隔離階段就算完成，你也可以開始好好享受新的多貓家庭啦！

以上 4 個階段中，每個階段需要的時間都會依照每隻貓的個性不同有所改變，沒有標準值，有些貓 2 週就能適應，有些貓需要 2 個月，請尊重貓的步調慢慢進行。可以參考 3-1 的 FAS 分級指標，觀察和確認家裡的貓是不是已經完全放鬆。多貓家庭請以最敏感、速度最慢的貓為主。如果貓一直沒辦法適應，請盡早求助專家，才能省掉未來多貓不合打架的困擾。我也會在第 4 章跟你分享更多案例與技巧。

🐾 常見 NG 技巧：關籠 / 關廁所不等於隔離

在多貓引介的過程中，我最常遇到出問題的方式就是把貓安置在廁所隔離，很多人發現，貓常因此變得更兇、多貓衝突也更嚴重。貓在廁所裡因為缺乏垂直、躲藏空間，會覺得沒有安全感，也會因為少了貓電視的適度感官刺激，過度無聊而焦慮。加上廁所裡常會有回音，引起 FAS 的因子也會加乘，加深聽覺靈敏的貓咪心裡的恐懼。

早期在引介時，大多數的爸媽也會選擇對自己比較方便、或比較善用空間的隔離方式，那就是「關籠」。不過

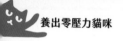

在後來的 FAS 研究中，我們發現關籠會增加貓咪的 FAS，
造成引介困難。被關在籠子裡的貓因為失去自主權，無法
主動遠離外面的壓力因子：無論是陌生貓咪、氣味或陌生
人類距離籠子多近，他們都無處可逃，便無法在 FAS 上升
時獲得改善。

此外，關籠的貓在放封時，一定會釋放在籠子裡無法
施展的精力，籠子外的貓咪也會無可避免感覺到資源在短
時間內被瓜分、或領域被侵犯，造成 FAS 急速上升。因此，
在雙邊的貓咪都無法冷靜下來前，貓咪會一直生活在恐懼
中，壓力爆表，無法舒適融入群體，根本不可能有辦法和
平共處。

Chapter 3

零恐懼

人貓都不再怕

照護、醫療與臨終

輕鬆帶貓看醫生——

零恐懼

醫療訓練技巧™

貓咪害怕看醫生幾乎是所有貓奴都會遇到的問題，而且如果養到害怕看醫生的貓，不只貓咪，連人都會開始害怕帶貓看醫生。我為何知道？因為在 2001 年春天，我遇到一個永生難忘、身心嚴重受創的經驗，一直到現在，每次說這個故事我都還是會全身發抖。

2001 年，毛鼻 10 個月大了。第一次養貓的我找了離家最近的獸醫，準備帶他結紮。當時毛鼻已經長成一隻大橘貓，6 公斤，骨架粗壯，每次出門，鄰居隔著外出籠看到

他，都會問我們是不是養狗。平常，毛鼻是脾氣超級溫和的好好先生，連陌生人都不怕，除了打預防針會有點緊張，不會特別害怕出門。可是，結紮那天不一樣。

結紮當天，毛鼻好像知道事有蹊蹺，一進入獸醫院就開始在外出籠裡躁動，炸毛、哈氣、低吼。當天值班的老醫師也是院長，他一看到毛鼻的體型，馬上就叫護士「去準備」。你還記得我曾說過嗎？當時我的知識庫裡，只有吉米哈利筆下的獸醫故事，還有一本 1999 年出版的百科全書，所以我心想：獸醫一定知道該怎麼做。我完全不疑有他。

不久，護士出來了，她的手裡拿著一個麻布袋和一條麻繩，等我回過神時，毛鼻已經被倒進麻布袋，獸醫正在用麻繩把布袋口綁緊。我眼睜睜看著布袋不停在地上飛跳，毛鼻在布袋裡用盡全身力氣掙扎、嘶吼、尖叫，我嚇呆了，完全沒有能力要醫生停手，也沒有能力保護毛鼻。接著，醫生把麻醉針插進「他認為」是毛鼻大腿的地方，麻布袋慢慢越跳越慢，醫生「順利」把毛鼻完全麻醉，我甚至不知道有氣體麻醉這個選項，接著，毛鼻被帶進手術室裡，綁在手術檯上。

結紮手術開始後，我全程站在手術室外面，隔著玻璃看著被綁在診療檯上的毛鼻，我的眼淚從頭到尾沒停過，我一直問自己：他是我的寶貝，我怎麼會讓他經歷這麼可

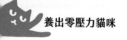

怕的事？我怎麼可以讓別人這樣對待他？我怎麼沒有保護他？

當天手術過後，毛鼻還沒完全醒來，醫生就要我把貓帶回，他並沒有教我怎麼照顧，而這些醫療和照護細節，我在《養貓完全指南》裡也完全找不到。我只能靠自己僅有的知識，把毛鼻暫時放在兩呎籠裡，看他不停想站起來、不停撞籠、不停哭叫，傷口腫了兩倍大，不停滲血。我不停掉眼淚，我好擔心他，但我知道我不能再帶他回去那個地方。就這樣，我度過了人生中第一次帶貓結紮的經驗，毛鼻也度過貓生中第一次手術的經驗。我到現在寫這件事，還是會掉眼淚。

在那之後，毛鼻再也無法冷靜出門，也無法冷靜看醫生，他對外出籠避之唯恐不及，我也無法忘記他驚恐的樣子，更糟糕的是，我一直覺得是我害的。我告訴自己，毛鼻以後一定還會遇到病痛，我要想辦法避免這樣的事再次發生，我一定要保護他，我也不希望其他貓咪跟爸媽經歷相同的遭遇。

2017 年，我在接受行為諮商訓練時，接觸到 Fear Free 零恐懼醫療照護課程，我馬上就知道這就是我一直想為毛鼻學習和推廣的技能。隔年，我成為臺灣首位 Fear Free 認證的 FFCP 訓練師，率先設計和發表我的「零恐懼醫療訓練

技巧™」，開始推廣「零恐懼訓練 （Fear Free）」，後來也研發了「零恐懼親訓™」、「零恐懼誘捕™」等更多讓人貓都能零壓力的訓練方法。

　　這幾年，有許多獸醫師和訓練師也加入我的行列，陸續拿到 Fear Free 證照，造福更多害怕看醫生的貓咪。2021年，在毛鼻過世前，我履行對毛鼻和自己的承諾，為他完成訓練，他在貓生中最後一次看診時非常平靜、毫無恐懼，跟你分享我們的小故事。

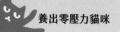

DATE

2021 年 4 月 22 日

 # 還沒寫過的毛鼻小故事　# 與零恐懼醫療訓練™

　　在毛鼻過世前一天，他有明顯的腹水，也開始停止進食。他已經 21 歲了，長年飽受慢性病折磨，我和爸媽很早就達成共識，尊重大自然的生命歷程，不做侵入式治療、不介入灌食，不延長他的痛苦，所以爸媽只做疼痛管理，並從旁協助他需要的照護。但是，即使已經不進食，毛鼻還是不停在家裡走動，也會使用砂盆，這不像典型的臨終反應，為了更瞭解他的身體狀況，我們決定做最後一次醫療評估，跟醫生討論更適合的安寧照護，幫助他舒服善終。

最後一次看診的毛鼻，放鬆讓醫生照超音波。

　　不過，毛鼻是一隻極度恐懼看醫生的貓，他也是我立志推廣零恐懼醫療的初衷，21 年來，他只看過 5 次醫生，上一次是 6 年前的齒科手術。所以要帶他出門，我們難免擔心會給他更多壓力，幸好這幾年我一直有輔導爸媽做外出籠訓練，毛鼻即使不舒服，還是很快就自己走進外出籠，安定地待著。

　　大家都準備好以後，我叫了 Uber，等車抵達。在這裡我要先說一下，我是 Uber 重度使用者，從 2013 年開始，各式各樣的車我都坐過，能坐到賓士就算很不錯了！

　　當 Uber 的車駛近，我瞠目結舌，因為它是一臺 Tesla X，鷗翼車門，車體是我最愛的消光黑。我心想，6 年來沒出過門的貓，一出門就受到巨星般的接待，這合理嗎 ?!

　　那次檢查是 21 年來第一遭，毛鼻把他畢生在家乖巧的樣子，也在診間展露無遺。我心裡明白那就是臨終前的溫柔了，但對我來說，更像是他在用生命告訴我：「媽媽，記得我舒服和放鬆的臉，千萬別忘了 Fear Free 的力量，和我為你安排的使命。」

　　隔天，路加院長金醫師約我喝咖啡，聽我分享 Fear Free 的理念，面會結束後，即使晚上還有諮商，我的直覺仍驅使我趕回娘家，而毛鼻就在我到家前嚥下最後一口氣。

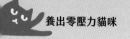

短短 24 小時內，他從能走，到臥床、失禁、離開，沒有太大的痛苦。那不是我們原本安排要送他的日子，因為他自有安排，有在拜拜的爸爸告訴我，那天是觀世音菩薩的誕辰日。

當晚，送他上接體車後，我擦乾眼淚再趕回自家，顧不了晚飯還沒吃，只想遵守對毛鼻的承諾，完成原本跟學生約好的諮商，幫助更多貓。

身為貓行為諮商師，我一直是科學的忠實信徒，但在毛鼻最後的這段日子裡，我才發現他用一輩子的時間，讓我深深體悟世界上還有好多超越我能掌控的力量，操控著我人生的美好與悲喜，等著我用心去看見、用愛去改變。

這就是毛鼻美好的靈魂，他也是我心中永遠的一塊肉。

如果你仔細觀察，你身邊的每隻貓也都有神祕的力量等著你發現，他們都在帶你體悟獨一無二的生命歷程。

貓看醫生時為何會六親不認？

貓在恐懼、有壓力時，他們的天性是躲避，在受到嚴重驚嚇威脅卻無處可逃時才會發動攻擊，常見的貓咪攻擊行為有低吼、哈氣、出爪甚至抓咬，而且，貓很容易出現「轉移攻擊」的行為，他們發動攻擊的目標不見得是直接威脅他們的對象，有時只是離他最近的動物或人類，這些行為非常容易讓人類有「貓咪很兇」的感覺，毛鼻就是最好的例子。不過，這些都是貓的壓力反應，在零恐懼訓練™中稱為「FAS」，而造成 FAS 的因素，就稱為「FAS 因子」。

貓咪害怕看醫生時，他們的行為就是典型的 FAS 反應。FAS 可以分為五級，0 級代表沒有 FAS，5 級代表貓的壓力已經爆表了，每一級的 FAS，又會根據貓咪不同的個性，表現出不同的行為。

在看醫生時，貓的 FAS 越高，行為就越失控，所以常讓人有「六親不認」的感覺。如果貓咪生病了，FAS 也越高，心理影響生理，容易影響預後復原速度，也會影響治療效果。所以我們可以透過零恐懼醫療訓練技巧™，有效降低貓咪就醫的 FAS，幫助貓咪降低看醫生的恐懼，減少他們的創傷和陰影，也能大幅降低人貓受傷的機率。

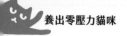

貓咪壓力指標（FAS）

1 FAS 第 0 級：放鬆

Ａ：睡覺。

Ｂ：沒反應：耳朵置中、眉頭放鬆、眼睛放鬆、嘴巴緊閉但嘴唇放鬆、身體放鬆、尾巴呈倒 U 字型、瞳孔正常（杏仁形狀）。

Ｃ：開心打招呼：尾巴翹起、屁股翹高、耳朵置中／往前／或稍稍往後、眼睛瞇瞇、眉頭放鬆、磨蹭人類或物品

2 FAS 第 0-1 級：好奇／有興趣／有時也可能是焦慮

直視但不緊張、尾巴翹高、嘴巴閉著但嘴唇放鬆、耳朵朝前、鬍鬚往前、瞳孔稍稍放大。

3 FAS 第 1 級：輕微有壓力

迴避眼神、身體不動但把頭轉開、瞳孔稍微放大、稍微低頭、輕微皺眉、鬍鬚稍微往後、耳朵稍微往旁邊壓、輕微躲避、尾巴靠近身體輕輕移動、鼻子耳朵有點紅。

4　FAS 第 2-3 級：中等壓力

耳朵往旁邊壓、瞳孔稍微放大、呼吸急促、皺眉、盯著壓力來源（通常是醫護人員或院貓院狗），而且眼神不會移開、尾巴夾緊、尾巴頂端稍稍移動、鬍鬚往後、身體蜷縮或躲得遠遠的、會哭（喵叫）。

5　FAS 第 4 級：高度壓力

浩克型：一直想躲、瞳孔放大、飛機耳、鬍鬚往後、尾巴根部翹起且炸毛、逃跑或逃竄、一直看著壓力來源、一直哭（喵叫）。

石化型：僵硬不動、瞳孔放大、身體壓低且緊繃、尾巴夾緊、呼吸急促、耳朵往下壓、緊盯、鬍鬚往後。

6　FAS 第 5 級：極度壓力

浩克型：瞳孔放大、耳朵往前、鬍鬚往前、身體往前傾、尾巴呈現倒 L 型、拱背（踮腳尖）、低吼、大吼、尖叫、揮拳、閃尿、大便。

石化型：飛機耳、瞳孔放大、蜷縮蹲著、尾巴捲在身

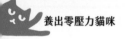

體裡或甩尾巴、鬍鬚緊繃、哈氣、嘴唇緊繃、緊盯、皺眉、閃尿、大便。

以上貓咪 FAS 壓力指標，也可至「貼心毛寶」官網（petbuddytraining.com）或掃描 QR CODE，下載附有貓咪圖片的版本。

不保定就是最好的保定

通常在為貓咪醫療的過程中，如果貓咪很兇，醫生會派好幾個人幫忙抓著「保定（Restraint）」，意即「保持穩定」，我常笑稱這是「保護醫生、固定貓咪」。

如果你的貓很怕看醫生，你可能有這個經驗：本來貓只是有點緊張，結果醫護正準備保定時，只是輕輕碰到貓，貓就嚇一大跳彈起來，接著 FAS 就瞬間爆表，哈氣、大叫、攻擊，最後貓會大暴走，人類也可能受傷要送急診室。在研究零恐懼醫療訓練技巧™時，我發現很多貓咪怕的不是看醫生，而是被保定，如果可以控制醫療過程中每一個可能觸發貓咪大暴走的環節，就能讓貓好好接受醫療，醫護、爸媽都不受傷，貓也不會留下看醫生的陰影，我把這一套方法稱為「零恐懼醫療訓練技巧™」，其中，最重要的核心觀念就是「不保定就是最好的保定」。

7 個最有效的零恐懼醫療訓練技巧™

我所分享的 7 個零恐懼醫療訓練™是最重要的大原則，可以讓你的貓不管幾歲、不管多害怕看醫生，都會有辦法慢慢克服恐懼。在我訓練過的貓當中，最小的 2 個月，最老的 22 歲，如果他們都可以改善，你的貓一定做得到。

1 找預約制的醫院

貓的 FAS 會隨著時間拉長，越來越嚴重，預約制醫院可以幫助你清楚規劃何時該出門，何時可以看得到醫生，在最短時間內完成所有醫療，把貓的壓力降到最低。

2 要有獨立診間

一個標準的獨立診間應該具備獨立出入口，可以跟醫院的其他地方隔離，而且在看診時，不會有主治醫生以外的人進進出出。獨立診間可以幫助貓咪阻擋許多 FAS 因子，包括外面的陌生聲響、其他病患和家屬、院內其他員工和醫生等，貓比較不會受到驚嚇。

3 開車前往

在看到醫生前，要盡力讓貓咪越少接觸到 FAS 因子越好。每隻貓對 FAS 因子都有一定的容忍範圍，越早用完，

貓就越快抓狂。因此在就醫的路程中,應該避免過多的陌生氣味和聲響,騎車、走路、搭乘大眾交通工具都是 FAS 因子很多的選項,應該避免。

4 若非必要,每次只做一項大檢查

除非貓的病症已經危急,醫生建議一定要在短時間內做完各種檢查,否則,每次就醫時請先跟醫生討論:只做一項必要的大檢查。大檢查包括會讓貓覺得被侵犯的檢查,這些檢查通常會碰觸到他們很忌諱的部位,像是嘴巴、肚子、後腳等,例如:抽血、照 X 光、照超音波、抽尿。你的貓也許可以忍受抽血,但如果抽完血還要再照 X 光,可能就會抓狂,久而久之,貓就會演變成看到醫生就抓狂。如果你希望貓咪對看醫生有好印象,做完一項檢查就離開,等 2～4 週、甚至 1～3 個月後再安排下一項檢查,貓對醫療的反應會更溫和。

5 記得帶零食

如果你從來不讓貓吃零食,建議你現在就解禁,探索貓咪的喜好。在正向訓練中,零食是非常重要的獎勵,可以讓貓咪開心放鬆學習新技能,也能增進人貓之間的感情。看醫生時,零食則是非常萬用的法寶,很多極度害怕看醫生的貓咪雖然緊張到吃不下零食,但光是聞到零食的味道就足以讓他們稍微放鬆。

　　假如你的貓願意在診間吃零食，那他們更會慢慢愛上看醫生。邱巴卡在需要密集回診、追蹤腎指數的那段日子裡，每次抽完血等報告時，我都會在診間開一個他最愛的副食罐，他就會馬上放鬆、吃得津津有味。此外，零食也能幫助爸媽「零恐懼」喔！曾經有諮商的媽媽跟我說她是新手貓奴，每次帶貓看醫生都緊張得不得了，學了零恐懼醫療訓練技巧™後，有一次她在診間非常專心餵貓吃肉泥，連醫生已經打完預防針，她和貓都完全沒發現，有那次經驗後，她在帶貓看醫生時就再也不緊張了！

6 動作輕柔慢慢來

　　無論是從家裡要帶貓出門、到診間等貓出籠，或做任何檢查，爸媽都要記得動作輕柔慢慢來。別忘了，不保定就是最好的保定，如果你的貓不願意自己走出來，你可以慢慢把外出籠拆開，輕柔地抱他出來。

　　以上 6 個訣竅雖然可以幫助你有效降低貓咪看醫生的壓力，但你看到這裡可能已經在想：我的貓光是看到外出籠就抓狂了，怎麼辦？因此我要在下一個章節，跟你分享最後一個最重要的技巧，那就是：預防貓咪出門之前就抓狂——你一定要做外出籠訓練！

貓咪害怕外出籠
怎麼辦？

在害怕看醫生的貓當中，大概有 9 成是從看到外出籠就開始害怕，毛鼻就是這樣。如果能克服對外出籠的恐懼，大部分的貓在看醫生的過程中都會冷靜許多。

貓對外出籠的恐懼來自經驗的學習。很多人為了把貓放進外出籠，會無所不用其極。多人夾攻把貓逼到角落、拿大毛巾捕捉貓咪、把貓從沙發下或床底下拖出來……最後使用蠻力把抓狂掙扎的貓塞進外出籠裡。每一次過程對人貓來說都是筋疲力竭的陰影，漸漸地，貓咪開始學會記得：看到外出籠就代表人類要抓他了！久而久之，你甚至不需要拿外出籠，只要打開放外出籠的櫃子、或跟家人同時站起來時，你的貓就會跑去躲起來。

　　我常常覺得，讓貓對外出籠感到恐懼其實很可惜。外出籠在急難時能成為貓咪的救命工具，像是火災、地震等緊急事件發生時，如果你的貓懂得趕緊進入外出籠，就能讓你盡快帶他遠離危險。因此，我常推薦大家除了帶貓看醫生，平時也要幫貓咪做好外出籠訓練。

　　外出籠訓練可以分成兩種：一種是教貓主動走進外出籠，另一種是讓貓平時就喜歡待在外出籠裡。如果你的貓現在真的非常害怕外出籠，你需要先讓貓平時就喜歡待在外出籠裡，訓練方法非常簡單，在行為學上我們稱為「減敏」，你現在就可以著手進行。

🐾 技巧一、確認工具！

　　首先，選擇符合以下 3 個要素的外出籠，提供貓咪安全感。

1 硬殼外出籠

　　外型穩固的硬式外出籠，可在就醫途中預防貓咪被無預警的聲音嚇到、暴衝或走失，坐車時也能降低行車危險。

2 可以上下分離

　　大部分的貓對外出籠的形狀都已經有印象，如果可以

外出籠有開天窗，加上前方出口，更有安全感。

將外出籠拆解，變成貓咪還不認識的形狀，就能重新介紹給貓咪認識，讓貓習慣外出籠，不會觸發他們的恐懼印象；另外，在看醫生時，爸媽也可以把上蓋拆開，讓貓咪留在外出籠底座裡接受檢查，貓會更有安全感，不容易害怕。

③ 至少有兩個出口

上方和前方都有出口的外出籠是最適合的，這樣的外出籠能讓貓咪進入後覺得隨時能逃跑，會更有安全感、更願意待在籠子裡。

🐾 技巧二、融入日常！

接著，我們要把外出籠融入日常，讓貓平常就習慣並

喜歡使用外出籠，而不是只有要看醫生才會看到外出籠。
這個技巧有 6 個很重要的步驟：

1 布置外出籠

把外出籠上下拆開，變成貓咪不認識的形狀，重新讓
貓咪認識外出籠。在外出籠底部鋪上貓咪平日最喜歡的紙
箱、毛巾、毛毯，或有爸媽氣味的衣物，噴上貓用費洛蒙
後放置 15 分鐘，或撒點貓草。（費洛蒙是一種仿貓咪腺體
的噴劑，能釋放「安心訊息」，讓貓咪聞到之後覺得放鬆。）

2 選擇適合的位置

大部分的貓都喜歡垂直空間，可能是離地面 50 公分的
椅子、70 公分高的書桌、120 公分高的五斗櫃、或 180 公
分高的鐵力士架。把步驟 1 中布置好的外出籠底部放在貓

外出籠布置。

咪經常休息、睡覺的垂直空間，並且設計容易上下走動的路線。記得在籠子前方預留一小塊空間，貓如果能在跳到垂直空間後再走進外出籠，他們會更喜歡使用。還有，別忘了想辦法將籠子稍微固定，遇到貓咪奔跑或地震時才不會位移或掉下來。

3 裝沒事

執行完前 2 個步驟後，爸媽要耐心等貓自行探索。有些貓會馬上過去，有些貓會觀察好幾天，尊重貓的個性和步調，不要刻意介入或打擾他們。當貓在探索外出籠、或走進外出籠休息時，切記輕聲細語，不要有大動作或巨大聲響嚇到貓咪，才能避免貓咪對外出籠有不好的印象。

4 慢慢恢復外出籠原形

等貓習慣會睡在外出籠裡面後，循序漸進把籠子慢慢

耐心等待貓咪自行探索。

組裝回去，恢復原本的形狀，例如先裝好上蓋、再裝門、最後關上天窗、然後蓋布。每一個步驟都需要確認貓咪會重新使用外出籠，才能繼續推進。

5 練習關門

如果貓已經會待在外出籠裡，而且常常使用，爸媽可以不定時練習短暫關門，增加貓咪對外出籠的好印象。適應良好的貓可以固定在外出籠裡吃零食、正餐，或梳毛、遊戲等等，貓咪會更喜歡使用外出籠。

6 強化效果

不定時移動外出籠，改變地點反覆練習就能強化效果，貓咪看到外出籠也會越來越自在。

🐾 NG！一定要避免的外出籠錯誤用法

❌ 把外出籠收起來，只有要看醫生才拿出來。

❌ 提著外出籠追貓、抓貓。

❌ 在貓探索外出籠時發出巨大聲響或突然移動。

❌ 硬抓貓、把貓硬塞進外出籠。

❌ 在醫院裡把貓從外出籠裡硬抓、硬拖、倒出來。

讓浪貓
變親人的——
零恐懼親訓技巧™

在關心流浪貓保護計畫時，我們常聽到大家推廣「以認養代替購買」。不過，常有人認養浪貓後才發現，他們真的好兇啊！貓是慢熟的動物，如果你養的貓曾經流浪或有浪貓基因，他們也會比較敏感警戒，需要先建立信任才能親近人類。2001 年，我第一次接觸街貓救援，對貓的攻擊行為產生興趣，2010 年開始，我決定定期照顧年長不親人的浪貓，也著手各種親人訓練（親訓）研究。我想用這些年的經驗和發現教你：救援／收容／領養貓咪後，應

該怎麼安置，才能幫助貓咪更快克服恐懼、變得親人。也跟你分享我設計的「零恐懼親訓技巧™」。

🐾 傳統的親訓方式

往常，在浪貓救援後，大部分中途都會做親訓，網路上也有很多傳統的貓咪親訓技巧，教你訓練怕人的貓咪，像是把貓關籠，放在人來人往的地方，每天習慣給人看、每天戴大手套強迫撫摸貓或每天抱貓，就算貓哈氣或掙扎都不放開，這樣反覆利用負面刺激強迫親訓的方式，叫作「洪水療法（Flooding Therapy）」，貓行為學研究已經證實，這種訓練方法會有後遺症。有些貓會越來越疏離害怕人類，有些貓會完全放棄掙扎和反應，表面上好像變得很親人，其實根本失去自己的個性，行為學上稱為「習得性無助反應（Learned Helplessness）」，因為知道自己無論如何都逃不掉，所以決定放棄求生，也害怕表現。這類的貓如果不做行為調整，一輩子都會無法做自己，個性也會變得畏畏縮縮，在多貓家庭裡非常容易被欺負、霸凌，而且這種貓絕對不會還手，常會縮在角落任由其他貓咬、抓到嚴重受傷、甚至感染。

其實，想幫助貓咪不怕人還有更好的方法。大部分的貓會害怕人類只是因為不熟悉人的氣味，也不知道怎麼跟

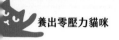

人類互動，或曾在人貓互動時有過不好的經驗。像是待過收容所的貓、被人類虐待、或經歷過長期醫療的貓，通常都會對人類留下很深的負面陰影。加上被領養後環境改變，就會更緊張，無法正常吃喝、無法放鬆，更不可能有心情與人互動。如果你想跟這樣的貓相處，需要先跟貓培養信任感，幫助貓放鬆，貓咪才會有能力慢慢學習接受人類。

如何讓怕人的兇貓變得親人？

先前我不斷強調，貓的攻擊行為都是壓力反應，而且常會轉移。貓的 FAS 越高，行為就越不穩定，常會無故生氣，食慾也會不好，而且會常常生病（上呼吸道感染、無菌性膀胱炎都是常見的壓力疾病）；貓的 FAS 越低，行為就越平穩，貓也會越放鬆親人，而且不容易挑食。所以在救援／收容／領養浪貓的初期，可以透過環境調整，有效降低貓的 FAS，就能幫助貓咪盡快克服恐懼、適應環境，也能加快貓咪親近人類的速度，大幅降低人貓受傷的機率。

在貓的生活環境中，任何會讓貓害怕的 FAS 因子都會引發貓的 FAS 反應，進而衍生攻擊行為。而在引發貓咪 FAS 的眾多因子中，第一名就是：陌生聲音和氣味。因此，在安置浪貓初期，有幾個小技巧可以有效減少貓咪接觸陌生聲音和氣味，大幅降低貓的 FAS，幫貓減壓。

1　慎選安置空間

　　長年致力於研究零恐懼收容的動物行為專家凱莉‧波倫（Kelley Bollen）建議，單貓的安置空間至少要有 90 ╳ 90 公分，雙貓則至少要有 130 ╳ 130 公分，而且不包含垂直空間！由此可知，很多人最常使用的 2 呎籠或 3 層籠都不符合零恐懼安置收容的規範，無法讓貓有效放鬆。

　　在單貓家庭中，我最建議先把貓安置在主臥室，讓緊張的浪貓有機會在人類休息時好好觀察、建立信任感。多貓家庭則建議把新貓安置在原住貓少用的空房，以免原本的舊貓因為重要的領域資源突然被瓜分，產生焦慮和不安全感。

2　滿足貓的天性，預防無聊

　　滿足貓的天性可以幫助緊張的貓適時降低 FAS：在安置貓咪的房間內增加玩具，讓貓無聊時模擬狩獵，人類也可以每天用互動玩具陪貓遊戲，或固定餵零食增加人貓互動。同時，安置房間內一定要有對外窗，也就是前面提到的「貓電視」，做好防護搭配跟窗沿等高的層架或貓跳臺，讓貓可以看得到窗外景色，刺激貓的感官，防止無聊。

　　在這裡要再次強調，常有人會把新貓安置在不見天日、沒有垂直空間的廁所，或沒有對外窗的倉庫裡，這些地方

都會讓貓因為缺乏感官刺激，衍生其他行為問題，如嚎叫、焦慮抓門、過度舔毛、膀胱炎等。

3 提供貓咪安全感和隱私

在安置貓咪的房間內製造垂直空間，可以讓貓自由地遠離地面的壓力因子，如人類或其他陌生貓咪。同時可以將紙箱開口朝內放置、增加躲藏空間，或設置窗簾、屏風讓貓適時躲藏。只要貓在害怕時有路可逃、也有地方可躲，就能大幅降低 FAS，也能減少貓咪攻擊的意外。

另外，隔離房裡平時可以放輕音樂阻隔外界的陌生聲響，人類進門前也建議先輕輕敲門、輕聲細語叫貓的名字做為預告，讓貓有時間先躲起來。還有，使用貓咪費洛蒙讓房間充滿貓會覺得安心的味道、設置抓板讓貓留下自己的氣味，這些方法都能增加貓的安全感。

4 給貓自主權

在貓還沒熟悉人類前，給貓主權自由探索環境，平時不硬抓、硬摸或硬抱貓，貓會更自在，未來也會更願意主動親近人類。多貓家庭則要做適當的引介，讓貓慢慢熟悉群體的氣味、彼此磨合找到適當的互動方式，如果直接讓新貓接觸舊貓，或把新貓關籠讓舊貓去「參觀」，都會造成貓的 FAS 激增，引起多貓打架、不合等問題。

5 從側面接近貓,且注意速度

我之前提過,貓雖然是獵人,但他們也有天敵,任何會從正面接近的生物都可能讓他們感到威脅。如果你快速朝貓逼近,或從正面伸手要摸貓的頭,有些貓甚至會直接伸爪攻擊你。如果你的貓很怕人,與貓互動的位置最好也要練習,建議人先在貓的側身蹲下或坐下,再慢慢接近貓,把手從貓的身後繞過再撫摸,同時記得不要盯著貓的眼睛看,貓才不會覺得受威脅。如果發現貓正在盯著你,可以輕輕撇開眼神不看他,這就是釋出善意的行為。此外,人類害怕時動作常常會猶豫,看起來就會像獵物,反而會激起貓的狩獵本能攻擊人手。所以伸手摸貓時記得要平穩且等速,切記畏畏縮縮,跟貓互動時也不要大聲說話,避免突然嚇到貓,互動前如果可以輕聲細語先預告,貓會更有安全感、更信任你。

6 給貓機會觀察你

貓在打獵時會特別挑選比較脆弱的獵物,這些獵物通常會是側身或背對貓,貓和貓互動時也是如此,如果氣氛看起來有點僵持,有些貓會先轉身或撇頭釋出善意,告知對方他沒有要惹事,所以人類如果在貓面前適度展露脆弱,也是一種善意的表現。例如,你可以在貓面前低頭看書滑手機,或在他們面前閉上眼睛睡一覺,讓貓有機會放心觀

察你或仔細嗅聞你的氣味，他就會更快信任你。

7 製造機會讓貓需要你

如同先前提過的，貓是非常獨立的動物，如果他們在日常生活中完全不需要人類，那我們可以表現的機會就更少之又少。幸好，家貓無論再怎麼獨立還是需要爸媽餵食，正好可以利用這個機會跟貓培養感情。

如果你的貓很怕人，建議取消乾乾吃到飽的任食制，改成每天定時餵飯，製造屬於你們的放飯儀式感。如果你的貓有特別喜歡的零食或罐頭，也可以每天定時餵食，讓他更期待跟你互動。互動時，你可以先觀察貓的動作，再捕捉他自然出現的親密行為加以獎勵，例如：他如果聽到自己的名字會看你、靠近你、不躲避你或身體放鬆，就獎勵他。每天主動練習，你的貓就能更快學會親近你。

8 尊重貓的時間表

每隻貓個性不同，每隻浪貓經歷過的創傷強度也不同，與貓建立信任感是沒有標準時間表的。如果你覺得貓越來越怕人，記得先放慢腳步審視自己是不是太心急，退回上一步，用人貓都覺得舒適的節奏持續慢慢練習，耐心才是成功的關鍵。

9　回到最根本的省思：他真的適合當家貓嗎？

貓的壓力反應（FAS）除了受環境影響，也可能是從經驗學習、天生基因或媽媽的教育導致。有一些真的很怕人的浪貓可能一輩子都無法親人，面對這樣的救援與安置，我們還是要回到最根本的省思：他真的適合當家貓嗎？強迫怕人的兇貓待在（對他們來說）過於狹窄的室內，被迫每天跟人類接觸親訓，有時並不是最適合的決定，TNR（誘捕／結紮／原放）後，原地照護、餵養貓咪，反而才是最好的安排。

經過這幾年的經驗，我發現比起傳統的洪水療法，正向親訓更適合敏感的貓咪，而我運用「零恐懼親訓技巧™」訓練出來的貓通常也更放鬆、更信任爸媽，更容易展現自己獨特的性格，人貓相處起來放鬆零壓力，可以為爸媽的養貓生涯增添不少溫暖的樂趣！

老貓照顧，
一起走最後一程

從2018 年開始，我陸續送走了自青少年時期一路陪我成長的老貓，娜娜離開時 19 歲，毛鼻過世時則是 21 歲。用「送走」這兩個字表達整個過程，看起來似乎簡短，但對我來說，他們從進入老年、生病、一直到臨終，這段時間對家裡的每個成員都是漫長且艱難的考驗。

如果你家也有老貓，在這個章節裡，我想跟你分享幾個我認為最重要的老貓照護技巧和觀念，這不只陪伴我度過那段漫長的日子，往後也對許多爸媽影響至深，他們因

此足以帶著感恩和幸福的心陪家裡的寶貝走完最後一程，留下最少的遺憾。

有「食物恐新症」，老了更頭痛

養貓後，常有人跟我說：「貓年輕時不要吃太好，老了才不會挑食。」在當了行為諮商師之後，我遇到非常多爸媽都深信這句話。但真是如此嗎？

在行為研究中，我們發現貓對食物非常講究，而且有自己獨特的喜好，所以我才有幸設計出「挑食退散」這套課程，解決爸媽的餵食困擾（苦笑）。但是，很多人都想知道：貓為何挑食？普遍大眾都說，貓會挑食是因為選擇太多，簡單來說，就是老一輩說的「吃太好」。但真相到底是什麼？

其實，我先前提過，1977 年就有科學家發現，正常的貓只要長期吃單一食物超過 6 天就會吃膩，這時只要接觸到不一樣的食物，幾乎所有貓都會選擇新食物。不過嚴格說來，如果你認為貓有自己的喜好是「挑剔」，那你確實可以長期讓貓吃一樣的食物，他們就不會一直想嘗試新食物。但是，事情沒有那麼單純，科學家同時也發現，長期吃單一食物、不曾接觸新食物的貓會有「食物恐新症」。

他們不只不吃新品牌、新口味，甚至完全無法接受爸媽換食物。對於這樣的恐新症行為，在貓健康時可能不會覺得困擾，但隨著貓咪年紀增長、身體開始有病痛時，問題就會一一浮現。

正常的貓在吃東西時除了有自己的喜好，還有內建安全資料庫，如果吃過Ａ食品後身體沒有異樣，他們會記得那是安全的食物；萬一吃了身體不舒服，他們就會記得、不再重蹈覆徹。如果你的貓年紀增長、身體常會不舒服，他們很容易就會把自己吃的食物和不舒服的感覺聯想在一起，然後某一天，他就會再也不碰以前長期會吃的食物了，而且是完全拒食。如果貓因為長期吃單一食物已經發展出「食物恐新症」，這時就算你換食物，他的接受度也會很低，萬一更不幸地，換食物時又遇上身體不舒服，他更容易將新食物和生病的感覺連結在一起，變得更「挑食」。

因此以行為研究來佐證，我極力反對長年餵貓咪單一食品，如果你希望貓老了不挑食，更應該在貓咪年輕時多嘗試，為貓咪建立他們最愛的「食物百寶箱」。無論你的貓現在有沒有食物恐新症，從今天就可以開始給貓咪探索新食物的機會，萬一貓咪老了病了，對某個食物有不好的連結與印象時，你才能快速找到其他食物替代，幫助他維持身體需要的營養，也讓他保持心情愉悅。畢竟，誰不希望老了以後，還能天天吃到自己喜歡的食物呢？

🐾 給他喜歡吃的，才是為他好

貓咪進入老年後健康逐漸走下坡，最常見的問題就是不吃飯、體重下降，最後體力透支。常有人問我：「我的貓腎臟衰竭／糖尿病／腫瘤……醫生建議應該注意熱量，但他都不吃飯怎麼辦？」其實，我在照顧老貓時只有一個原則：多方嘗試，多給貓吃他喜歡的東西。

貓有一個特質跟人不太一樣，人類可能會為了想吃美食忽略自己的健康，但貓不會。其實哺乳類動物都有這樣的動物直覺。貓在進食時會有學習經驗，可以辨識出身體需要的養分，選擇不會影響健康的食物。曾有研究發現，老鼠會避免缺乏維生素的飲食，貓也會，很多老貓吃了一輩子乾糧，但在患了腎臟病後卻主動接受濕食，有些貓因為口炎無法吃乾糧，身體長期缺乏熱量和營養，就會拒食營養和熱量都不完全的副食罐。貓咪口渴了會喝水，太瘦會挑選高熱量飲食，因此我深信老貓比我還知道自己需要什麼。

所以在照顧老貓的時候，我很常提供多樣化的食物，特別觀察他們挑選食物的行為，記錄並提供他們喜歡的食物。很多人會因為覺得貓咪只喜歡垃圾食物，對身體有害，就只提供自認為健康、對貓好的食物，最常見的就是爸媽自作主張腎病貓應該吃低磷飲食，或貓不該吃太鹹，但我

們可能不知道貓咪當下體內缺乏什麼營養，也許他喜歡的那個垃圾食物，正好有你給的健康食品裡沒有添加的營養。

提供貓咪喜歡吃的東西還有另一個優點，那就是貓會多吃一點。這時貓就跟人類很像了：如果媽媽要逼你把你很討厭、但很健康的青菜吃完，你可能會吃得非常痛苦，逮到機會就逃避；如果你是吃自己最愛的菜，可能不需要有人監督就能吃很多。貓到老年肌肉會逐漸流失，身體會開始變瘦，體力也會慢慢變差，如果每天都能吃到自己喜歡的東西，他們就有辦法補充足夠的營養和熱量，盡可能維持身材和體力，對抗任何他可能遇到的病魔。

🐾 老貓就得失去跳高的快樂嗎？

另一個在照顧老貓時常有的問題是：「我是不是不該再讓他跳高？」大部分人會認為貓咪跳高很危險，尤其是老貓，有時後腳比較無力，以前喜歡、輕易就能跳上去的櫃子，現在也許會有一成的失誤機率，很多人為了保護貓咪，因此「封櫃」。

但是，貓是仰賴垂直空間得到安全感的動物，如果只能在地面生活，每天要適應人類或同伴在身邊來來去去，有些貓反而會害怕和焦慮。我曾經輔導過關節退化、腎臟病、長骨刺、癲癇的貓，每隻貓都可以打造安全合適的垂

直空間。

大部分的貓在跳高時會失誤，除了體力不支，都是因為動線安排有瑕疵。在調整適合老貓或病貓的垂直空間時，有幾個要點可以特別注意：

首先，要了解貓對垂直空間的定義，只要是離開地面的空間，就可以稱為垂直空間，因此你會發現，如果你家的櫃子頂端上不去，貓可能會在桌子上，如果桌子貓也上不去，他會趴在椅子上，如果你連椅子都收起來，他可能會坐在抓板上，任何離地的距離，都是貓會偏好的「垂直空間」。

假設你的貓有關節退化的問題，他本來可以輕鬆跳上120公分的櫃子，現在只能跳到90公分高，如果櫃子旁邊沒有任何可以讓貓輕鬆跳上去的路線，他就會維持原本的習慣試圖跳上120公分的櫃子，這時他的失敗機率就會升高，受傷機率也會增加！身為爸媽，我們只要看到貓失敗一次就會心疼，腦海裡也會出現108種他下次會受傷的可能性（至少我是如此），想禁止貓繼續跳到櫃子上，但我們可能會忘記：上櫃子是他的習慣，櫃子上也許有他最愛的睡床，或在櫃子上可以安心發呆——他需要上櫃子。

我常拿老人來比喻老貓，如果你曾經照顧老人，可能會發現：老人也是很注重自尊的！我先生的奶奶桃莉絲曾

經給我很深刻的啟發。我先生來自加拿大,他的奶奶是英國移民,當我和先生決定在峇里島舉辦小小的婚宴時,他的奶奶已經年過 90,眼睛因為慢性病的關係幾乎看不到了。但是當奶奶知道我們要結婚,她決意要參加婚禮,於是她想辦法安排機票、住宿,從加拿大坐了 12 小時的長程飛機,到一個她從未去過的東南亞國家,體驗她從未接觸過的文化,而且是在雙眼近乎全盲的狀況下,出席了每一個婚宴場合,幾乎不需要旁人照顧。

桃莉絲奶奶的舉動除了讓我深受感動,也深深體悟到:高齡者也有自己的想法,他們也想跟年輕時一樣享受人生,也需要尊嚴。

照顧老貓的尊嚴

大部分的貓跟桃莉絲奶奶一樣,無論年紀多大,還是偏好像年輕人一樣保有垂直空間。除非他曾經因此受傷或持續失敗,或者感受到自己的體力大不如前,才會開始調整習性。貓不會為了預防關節退化,預先改變生活習慣。因此,如果你因為害怕有意外,想阻止貓跳高,貓反而會覺得資源被剝奪,造成生活壓力,有些貓甚至會鬱鬱寡歡。其實我們還有更好的做法,在調整環境讓自己安心的同時,也能照顧老貓的尊嚴。

1　製造階梯

如果貓咪跳高的體力明顯退步，可以著手改造上櫃子的路線。例如，本來一口氣就能跳到 90 公分的櫃子上，現在可以在櫃子前再加個 50 公分左右的跳臺，讓貓先跳到跳臺，再跳到櫃子上，每次只跳 50 公分以內，貓的關節負擔會降低許多。

2　調整階梯高度

如果你的貓明顯已經無法跳躍（兩隻後腳同時離地往上跳），可以根據貓咪的身高調整階梯高度，讓他用走的（先跨出一隻後腳、再跨出第二隻後腳）。只要上一級階梯不超過貓咪眼睛的高度，大部分的貓都能輕鬆跨步。讓貓咪多走樓梯，不只能預防跳躍失敗時不慎跌傷、也能預防往下跳對關節衝擊損傷，還能活動關節預防僵硬，強化腿肌預防肌肉萎縮，其實是老貓非常棒的「復健運動」喔！

3　降低垂直空間

你可能會想：「如果貓咪已經進入貓生最後階段，連 40 公分高的沙發都跳不上去了，還能擁有垂直空間嗎？」答案是當然可以！別忘了，貓咪對「垂直空間」的認知定義是：只要是遠離地面的空間，就叫垂直空間。因此，你可以在沙發前放階距非常小的樓梯，讓他能輕鬆走上沙發，

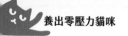

或買距離地面約 5～10 公分的飛行床、甚至是有厚度的床墊等，對他們來說，都算是比躺在地面更開心的「垂直空間」。

化解老貓頻繁回診造成的壓力

照顧老貓最容易令爸媽傷腦筋的，就是遇到慢性病需要頻繁回診追蹤和治療。如果貓咪害怕看醫生，年輕時還能抱著駝鳥心態能躲則躲，等年紀大了，出現腎臟病、心臟病、糖尿病這種需要定期追蹤的慢性疾病，很多爸媽才只好硬著頭皮面對。有些貓雖然不怕看醫生，但隨著每天餵藥、打皮下，或每兩週、三個月的固定回診，也會變得越來越排斥醫療和照護。如果你想避免遇到這樣的問題，我認為應該趁著貓還年輕，就養成良好的習慣。

3-5

培養照護默契，
好印象趁早建立

來諮商的凱婷，在預約表單上寫著她和先生收養 2 隻貓，讓她覺得非常焦慮。其中一隻貓 Mia 是個小媽媽，年紀輕輕都還沒發育完全就懷孕，但她沒有失去當媽媽的天性，把兒子養得白白胖胖的，凱婷和先生幫這個小朋友取名叫 Toby。不過，可能是因為 Mia 曾經流浪街頭，她和兒子 Toby 的個性南轅北轍，Mia 很害羞怕人，Toby 則活潑黏人。

一開始，凱婷和先生並不介意，他們覺得只要給 Mia

一點空間，過一陣子她就會習慣了，而 Mia 也確實適應得很不錯，很快就會用自己的方式跟爸媽示好。但過沒多久，凱婷和先生就發現 Mia 的身體似乎有些問題，在仔細檢查後，難題也一一浮現。

凱婷是很用心的媽媽，總是非常認真執行醫生給她的醫囑：Mia 的皮膚長黴菌要擦藥、眼睛發炎要點眼藥水、齒齦發炎需要吃藥，還有刷牙！可是她慢慢發現，隨著她對貓的照顧越來越無微不至，Mia 對她的態度就越來越冷淡，平時，Mia 看到她甚至會躲著她，對爸爸卻是截然不同的態度！

「為什麼我那麼用心照顧貓，貓卻討厭我？」諮商時，凱婷忍不住覺得很哀怨。其實很多爸媽都會這樣跟我抱怨，他們都說一想到這件事就覺得心酸！

如果你也有一樣的煩惱，你可能忽略了，貓是非常內斂的動物，也很忠於自己的喜好，他們不像狗會死心踏地、無條件愛著爸媽，他們只愛「他覺得對他好」的人，所以人貓之間的感情是需要特別經營的！如果你希望好好照顧貓，又希望貓會愛你，就得花點心思調配照護尺度並做好時間管理，才有辦法一面輕鬆照護貓，一面讓貓天天開心、死心踏地愛著你。

在照護貓的時候，我建議把所有事情分成 4 個等級，

我把這個評量標準稱為「貼心照護分級表」。

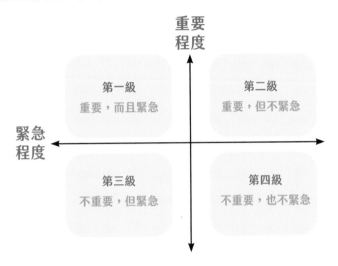

第一級照護：重要，而且緊急的事

如果貓已經生病了，看醫生、做檢查就是當務之急！而醫生在診斷後給爸媽的醫囑，無論是吃藥、打針、外用藥，也會是非常重要且緊急的任務，爸媽一定需要優先處理。

第二級照護：重要，但不緊急的事

這些事情通常是「今天不做也沒關係，但最好不要忘記」的事，或是「短期之內沒做沒關係，但要記得做」的

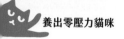

事，例如剪指甲、刷牙、外出籠訓練、健康檢查、清耳朵、清眼屎等。所以如果你還沒學會，或你的貓無法接受，得列入待辦事項，盡早學習或訓練。

第三級照護：不重要，但緊急的事

這個等級的「緊急事件」通常是「爸媽覺得緊急」的事，像是：貓屁股沾到便尿、貓腳踩到便尿、貓剛碰過髒東西、貓剛抓了蟑螂壁虎、貓把飯吃得滿臉都是……這種時候如果不趕緊清手、清腳、擦嘴，很多愛乾淨的爸媽會非常崩潰；但如果撇開爸媽自己的堅持，不做這些事其實也不會影響貓的生活，更不會危害貓的健康，所以在非必要的情況下，爸媽應該適時放下堅持。

第四級照護：不重要，也不緊急的事

這類通常跟爸媽的審美觀有關，有時也會牽涉「養貓便利性」，算是爸媽個性使然而堅持的照護，舉凡貓下巴有小粉刺，吃完飯一定要清粉刺；貓身上有毛屑、看起來油油的、摸起來不舒服，要定期送洗或自己洗澡（短毛貓靠舔毛就可以清潔身體，不需要洗澡，長毛貓因為毛長無法徹底清潔，需要定期美容）；換毛時節，家裡貓毛紛飛

很難打掃，所以要剃毛等。在零恐懼醫療訓練™的觀念中，這一級的照護會被列為「無謂且會施加壓力」的照護堅持，爸媽應該花時間克服自己的心魔，而不是訓練貓去習慣。

在接受照護時，貓的反應會取決於以往的經驗，也會影響以後的態度，所以根據當下的壓力輕重，大致上可以分成 3 種等級：

綠燈級：這是最好的反應，貓會瞇眼、呼嚕，肢體語言會很放鬆，耳朵朝前、瞳孔呈現正常的杏仁狀、表情不緊繃，甚至會四腳同側躺平休息。

黃燈級：這是討厭的警示，通常貓會在照護當下閃躲、扭動、出聲抱怨，如果爸媽忽略這樣的警示，久而久之，貓會進化成「預先閃躲」，也就是只要看到爸媽在準備就會閃躲，最典型的例子就是看到指甲刀就烙跑、看到外出籠就躲起來。

紅燈級：最激烈的反應，貓會在接受照護時哈氣、低吼、閃尿，出手攻擊負責照護的人，甚至可能轉移攻擊附近的人類，或家裡的其他動物。

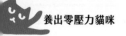

　　如果想經營人貓的感情，在照護前，應該先依照貓的反應，搭配「貼心照護量表」評估必要性，再去調配最適合的照護方法，才不會被貓討厭。舉例來說，如果你每天都需要做第一級的照護，那短期內就得先放棄第三級和第四級照護；如果近期打算做第二級照護，就要斟酌調配做第三級照護的時間，並預留一點空間，以防有突發狀況需要做第一級照護；如果你的貓對第一級照護的反應全都是紅燈，就應該跟醫生討論最適合的醫療選擇，捨棄一些不是最重要的照護，或請專家教你訓練貓慢慢習慣這些照護。如果這時還堅持每天都要做數個第一級照護，那你跟貓的感情肯定很快就會被消磨殆盡，最後即使貓活得長長久久，他也會一直痛恨你。

　　回到凱婷的故事，Mia 雖然天性害羞，她剛到凱婷家時，其實是有慢慢放鬆的，但因為健康問題，醫生給了他們三個第一級照護任務（擦藥、點藥、吃藥），和一個第二級照護任務（刷牙）。雖然這些照護看起來都是當下應該做的事，但凱婷回想到，Mia 確實陸續出現閃躲、扭動甚至哈氣等不同程度的壓力反應。

　　後來在我的輔導下，凱婷和先生再次跟醫生溝通，因為 Mia 的食慾和精神都不錯，醫生便同意先暫緩點眼藥水和刷牙這兩個任務，改為維持環境清潔、從旁觀察讓她自癒，以及設計長期讓 Mia 可以慢慢接受的刷牙訓練。

　　同時，我們用零恐懼訓練技巧™，搭配零食讓 Mia 覺得吃藥是開心的事，不再強迫 Mia 接受任何醫療照護。這樣的計畫進行了大概 1～2 個月，有一天，凱婷發現正在討食的 Mia 有了改變，她開始會磨蹭她的腳，也不再躲著她，更常在她身邊休息。後來凱婷也更瞭解照護拿捏的技巧，會適度調整與放鬆。

　　我常說，養貓不是非黑即白的公式，在遇到選擇困難的時候，爸媽需要好好思考：你希望留給自己和貓什麼樣的回憶？是充滿愛的生活、還是壓力爆表的生活？唯有找到生活和照護的平衡點，你才能為自己、也為貓創造最美好的回憶。

Chapter 4

真實案例
貓奴常見苦惱相談

亂尿尿的
小不點

我第一次見識到貓尿的厲害是在小學時。有一天,同班同學約我到她家玩,但她忘了跟我說她家有 6 隻金吉拉,而且貓會亂尿。當天我一踏進她家客廳,第一件注意到的事就是撲鼻而來的貓尿味,雖然那時我還沒養貓,可是那股濃郁的味道讓我至今印象深刻。後來,我在大學時又領教了一次,有一年,我到師大某間著名的貓咖啡廳為自己慶生(貓奴的樂趣不就是離開自己的貓去玩別人的貓嗎?),一打開大門,迎面而來的又是小時候那股永生難忘的味道,但我臉皮薄、不好意思馬上轉頭離開,勉強點了一杯咖啡打算喝完就走,沒想到即使是短短一杯咖啡的時光,貓尿味還是殘留在我的鼻腔一整天,陪我度過剩下的「刺鼻」生日。

　　後來在做研究時我才知道，貓尿裡的化學成分會隨著時間濃縮，留得越久、味道就越濃烈，而且新鮮的貓尿通常無色，人類非常難在事發當下就發現，也難怪養到亂尿貓的爸媽會超級困擾，長期致力尋找解決辦法。

　　這幾年，網路上出現很多對付貓咪亂尿的妙招，「防水墊」就是其中一個熱賣商品。隨著養貓文化越來越盛行，各式各樣的防水墊也推陳出新：有枕頭專用款、雙人床款、單人床款、甚至有特製沙發套⋯⋯但從行為改善的角度來看，我不得不老實告訴你：大部分妙招都只是在「應付亂尿」，並不是「解決亂尿」。

　　不過，說到「應付亂尿」這件事，我一定得先分享一個高手的故事。小不點是媽媽從朋友手中接養的貓咪，聽說小不點從小就會亂尿尿，所以長期被前飼主關在籠子裡飼養（關籠也是另一個大家以為很好用的「防尿祕招」，當然也是治標不治本的迷思）。原本不點媽以為小不點換環境後，亂尿的行為就會不藥而癒，沒想到接手後，小不點不只沒有停止亂尿，還一發不可收拾！

　　在小不點亂尿的「全盛時期」，她平均一天要清理大約 20 處亂尿：地板、桌面、腳踏墊、牆角、廚房流理檯⋯⋯到處都是，幸好床上沒有，不過，那是因為她根本不敢讓貓進入主臥室；還有她心愛的皮沙發，她每天都提心吊膽，

就怕小不點會毀了她昂貴的皮沙發！更慘的是，不點媽的同居人有潔癖，完全無法接受家裡有灰塵，更不用說是排泄物了！

隨著小不點的亂尿行為越來越誇張，不點媽越來越擔心皮沙發，男友也越來越常抗議，於是，她想到一個很好的「應付妙招」。她買了一張超大的塑膠墊鋪在沙發上（當時市面上還沒出現防水墊這個產品），塑膠墊上再鋪滿寵物尿布，同時在家中小不點亂尿過的地方，全都鋪上寵物尿布。

每天凌晨 3 點半，不點媽會先起床換掉所有髒汙的尿布，然後花好幾個小時在屋子裡「尋寶」，因為小不點亂尿的新地點越來越多，她必須先清潔亂尿，接著吸地、拖地後，才能出門上班。她心想，這樣男友起床時就能看到一塵不染的環境了。晚上不點媽會比男友早下班，所以她會趕緊回家再花幾小時重複清晨的清潔工作，等家裡恢復乾淨後，才會坐在地上吃自己的晚餐（因為昂貴皮沙發上鋪滿了尿布，小不點來了後她根本沒有坐過），就這樣日復一日，她每天都辛苦「應付」著小不點的亂尿行為。

如果你從來沒養過會亂尿的貓，一定會覺得不點媽的生活聽起來很瘋狂吧？不過老實說，在我做諮商的經歷中，亂尿家庭大多都過著這麼瘋狂的生活！

這些受害爸媽每天都會害怕衣服或包包被貓亂尿；或在外辛苦工作一整天，直到睡前才發現溫暖的被窩已成災區，只好在半夜拖著疲憊的身子到自助洗衣店洗被子，很多爸媽都說，如果是夏天還算可以忍受，但在冬天陰雨綿綿的夜晚，這樣的生活真的會讓人厭世滿點。爸媽的枕頭也常會不停淪陷，有些人甚至會放棄清潔，就睡有尿的枕頭；更別說家裡常會瀰漫著揮之不去的刺鼻尿味，朋友到家裡作客最尷尬，有些朋友在經歷過一次尿味洗禮後，甚至會對邀約敬謝不敏。這些爸媽的生活品質根本蕩然無存，苦不堪言。

但其實解決亂尿是有方法的，如果你發現家中有貓亂尿，可以先做自我檢測與改善，就有機會解決亂尿。通常，我會把貓亂尿的原因分為「疾病」、「貓砂盆」和「壓力」三個面向來討論。

🐾 常見亂尿原因 1：疾病影響

許多泌尿道疾病或腫瘤都會引起亂尿問題，因此，如果家中有貓亂尿，一定要先看醫生排除所有醫療問題。另外，發情的貓也會亂尿，無論是公貓母貓都會噴尿，因此，如果你的貓還沒結紮，要盡早找醫生安排手術，才有辦法解決亂尿問題。

當不點媽聯繫我時，她很確定前飼主已經幫小不點結紮了，所以我們只要先排除其他疾病就能做行為改善，於是我請她先帶小不點去看醫生。但是小不點的就醫過程困難重重，不點媽連續找了兩間不同的動物醫院，醫生都沒有做任何檢查，就依照小不點的年紀（當時 2 歲）判定他不可能生病。只要有一點點科學精神的人都知道，任何人都沒有神力可以肯定小貓不會生病，所以不點媽沒放棄，她再找了第三間動物醫院，醫生終於願意幫小不點做詳細檢查，沒想到檢查結果有驚人發現：小不點有隱睪症！

換句話説，前飼主和當時的動物醫院都以為他們已經替小不點結紮了，但只拿掉一顆睪丸，所以小不點長年都在反覆發情、噴尿；更糟糕的是，小不點可能因為環境刺激、以及飼主長年疏忽他的隱睪症，造成膀胱慢性發炎。不點媽既心疼又自責，馬上請醫生幫小不點動手術處理隱睪，並搭配藥物治療膀胱炎。

常見亂尿原因 2：貓砂盆有問題

在醫生處理完小不點的生理狀況後，他的亂尿行為已經減少至少 7 成了！接著，我帶媽媽檢視家裡的環境，排除第二個最常見的亂尿原因——貓砂盆的問題。

貓對砂盆非常講究，2017 年 5 月，《應用動物行為科學》

期刊曾發表過一篇研究報告，研究顯示貓在使用砂盆時，有高達 39 種不同的行為表現，有些貓甚至在不滿意砂盆的情況下，還是會壓抑情緒使用砂盆。因此，提供良好的砂盆與如廁環境，對貓的身心靈健康格外重要。如果家中已經有貓亂尿，砂盆也是最需要檢視的其中一個重要環節。

在改善貓砂盆時，我們可以分成 4 個檢視重點。

檢視重點一：砂盆數量

標準貓砂盆數量是「貓數 +1」，也就是説，單貓家庭需要 2 個砂盆，雙貓家庭需要 3 個砂盆……以此類推。多加 1 個的用意是讓貓有安全感。在多貓家庭，貓需要使用貓砂盆時，可以避開同伴保有隱私；而且，貓喜歡便尿分盆，所以單貓家庭有 2 個砂盆，也能讓他們更喜歡使用砂盆。

檢視重點二：砂盆款式

理想的貓砂盆款式，應該包含以下特性：

1 寬敞

砂盆大小對貓來說非常重要，尤其是胖貓。標準砂盆應該要讓貓在裡面轉圈挖砂時，還有剩餘空間可以活動。

我在貓砂盆的零壓力擺設法中曾提過相同的概念。

2 無蓋

貓喜歡無蓋砂盆，這跟他們在野外的逃生本能有關，無蓋廁所能讓他們在如廁時眼觀四面、耳聽八方，只要覺得苗頭不對，就能快速逃跑。尤其是多貓家庭，無蓋砂盆能讓個性敏感的貓安心如廁。

3 入口低

砂盆入口對貓來說就像人類的馬桶高度，或男生的小便斗高度。如果太高，不會有貓想要費盡千辛萬苦爬上去如廁，當然會找舒適的地方解決。尤其，上了年紀的貓常患關節炎，或是肌肉萎縮無力，貓砂盆入口必須越低越好，盡量減輕關節負擔，也能降低疼痛感，變相鼓勵貓正常如廁，也能有效預防泌尿系統疾病。

寬敞、無蓋

入口低

無襯底

4　無襯底

國外流行懶人塑膠襯底，可以讓爸媽快速抽換，不需要用鏟子清砂。但是貓不喜歡襯底的觸感，很容易因此引起亂尿，嚴重更可能誘發喜歡塑膠袋的貓出現異食行為。

5　不要用自動貓砂盆

自動貓砂盆對人類來說算是一大福音，對貓來說卻是危險重重。自動貓砂盆可能會因故障誤傷貓，清砂時發出的聲響也會嚇到貓，而且，觀察貓咪便尿是非常重要的養貓功課，奉勸大家還是乖乖手動清潔比較保險。

檢視重點三：貓砂

近年來，市面上有許多新款貓砂，號稱具有各式各樣的神奇功效，可惜，這些都只符合人類喜好。如果要滿足貓的需求，挑選貓砂時要謹記以下要點。

1　理想的貓砂種類

貓喜歡的砂種只有礦砂，沒有第二。很不幸地，方便爸媽丟棄的木屑砂、環保的豆腐砂、輕盈的紙砂、或看起來很高級的水晶砂，貓全都不喜歡。

2　理想的貓砂粗細

貓在踏入砂盆時，首當其衝的觸感衝擊就是砂的粗細，踩到粗砂就像在走健康步道上，甚至是天堂路，誰不覺得痛？想像一下到海邊時，你喜歡赤腳走上細沙灘，還是粗礫灘呢？

3　理想的貓砂味道

無論是豆腐味、松木味、清香味、草莓味、蜜桃味、綠茶味、薰衣草味，或任何神奇香味，貓都不喜歡，他們只喜歡無味。為什麼？如果走進一間香氛店，上百根香氛蠟燭百香齊放，你卻得在店裡待一整天，你覺得那種近距離的體驗會是什麼感覺呢？

4　理想的貓砂深度

根據統計，貓最喜歡的貓砂深度為 3 ～ 5 公分，太淺不好挖，太深又像走在沙漠中難以活動，要恰到好處才能深得貓心。

5　理想的貓砂清潔度和凝結力

清潔度和凝結力會影響砂盆的味道，也會影響貓使用砂盆的意願。凝結力好的砂不易散開、容易清理，可以降低砂盆臭味；時常清潔也能提升貓對砂盆的喜好，爸媽每

天至少要清理 1~2 次砂盆，這在第 1 章也提醒過大家。

6　不要輕易改變

　　找到貓喜歡的貓砂後，無論是品牌或砂種都不要輕易改變，更不要因為某牌貓砂大特價就手軟換貓砂，也別因為懶得清理，就挑選可以久久才清一次的砂種。

檢視重點四：砂盆擺放位置

1　有兩個以上的逃生方向

　　擺放砂盆時，請把自己想像成一隻貓。如果你在如廁，有幾個方向可以逃跑？砂盆的擺放位置至少要有兩個逃生動向，如果四面八方都能逃跑更理想。也就是説，如果家中砂盆全都有蓋，或擺在死角、只有一個逃生出入口，你的貓就可能會選在床上如廁。因為蹲在床上既可以居高臨下，看到房裡所有動靜，又能從四面八方快速逃跑，是不是最完美的位置呢？

2　位置要隱密

　　貓砂盆不能擺在家中人來人往、貓來貓去的「主要幹道」上，沒有貓喜歡表演上廁所給大家看。也不能擺在家中偏僻遙遠的地方，讓貓在尿急時要千里跋涉才能到達。

這些擺放位置都會大大降低貓去使用砂盆的意願。

3 砂盆不能擺在一起

如果你走進公廁，發現有兩個馬桶排在一起，而且其中一個有人正在上，你會坐下來一起上嗎？貓不會。他們會選擇到別的地方上。對貓來說，排在一起的砂盆是「一個位置」，也就算「一個砂盆」。

小不點當時是家裡的獨生子，所以我們為他設了 2 個沒有蓋子的大砂盆，分開放在家裡的兩個角落，不點媽也把原本使用的木屑砂換成礦砂。第一天換砂時，小不點因為太過興奮，把砂子抓得到處都是，媽媽看到他這麼開心也非常欣慰。

　　到了這個改善階段，不點媽已經可以把沙發上的「擺陣」撤除了，每天的打掃時間也急速縮短，她開始嘗試讓小不點自由進出主臥室，也很少發現亂尿。但偶爾還是有些零星的意外，所以我們必須再做更深入的調整。

🐾 常見亂尿原因 3：壓力或焦慮

　　貓是靠氣味接收、傳遞訊息的動物，如果生活環境發生變化：舉凡搬家、養新寵物、家中成員改變、有同伴過世等，都可能讓貓覺得有必要留下強烈的味道、鞏固他們的領域；其次，在多貓家庭中，如果貓與貓之間相處不睦，或貓與人之間相處不愉快，也常會成為貓的壓力和焦慮來源，引發自發性膀胱炎，出現亂尿或其他問題。這時爸媽如果調整環境，讓貓用健康的方式留下氣味，就能有效改善亂尿或噴尿。（還記得「姓名貼紙大戰」嗎？）

　　於是，我們開始在小不點還會亂尿的地點布置貓玩具、貓床、貓抓板等物品，讓他可以藉著抓、玩或趴著休息留下氣味，慢慢地，小不點開始明顯放鬆，會在半夜跳上床陪媽媽睡覺。後來，媽媽又收養了另一隻貓，她沒忘了運用自我檢測的方式添加砂盆、選擇適合的擺放位置。從此，她跟男友都不曾再看見小不點亂尿，而且每天都能跟雙貓一起坐在昂貴的皮沙發上享用晚餐。

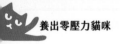

4-2

過度理毛／禿毛的 胖胖、走走 和小毛球

貓是非常愛乾淨的動物，「理毛」是他們的生活重心之一。在理毛時，除了可以整理自己的毛髮，也能替自己除蟲、消毒並保護皮膚，還有降溫！除此之外，在人類摸貓以後，貓也常常會重新洗澡，透過理毛「品嘗」人的氣味，藉此記憶或和喜歡的人交換氣味維持感情。所以，貓咪每天至少要花三分之一的清醒時間舔毛，有些貓特別愛乾淨，甚至會花大半天的時間理毛。

更神奇的是，即使貓每天花這麼多時間理毛，他們還

是可以維持毛絨絨的樣貌。只是有些貓咪沒那麼幸運，他們會有「過度理毛」的行為，造成禿毛。

🐾 什麼是過度理毛？

很多人會問我：「貓要多頻繁舔毛、或每次舔多久才算過度理毛？」其實，「過度理毛」是無法用時間定義的，而是要用貓的毛量判斷。如果你的貓整天都在舔毛，但身上沒有禿毛，那就是正常的舔毛行為；如果你沒看到貓無時無刻在舔毛，但他的身上有禿毛，那他就可能有過度理毛的問題。

開始執業後，我發現許多爸媽都是在發現貓咪嚴重禿毛後，才開始覺得事情有點不對勁，尤其是淺色系的貓咪（白貓、橘貓等），許多人都覺得貓咪平時沒事就舔毛，舔到禿似乎很正常，但在貓咪身上，除了肉墊、鼻子、肛門、乳頭和乳暈周邊以外，只要有任何地方沒有長毛，爸媽都要合理懷疑貓有過度理毛的問題，尤其是肚子，貓的肚子應該要毛絨絨、看不到皮膚才是正常健康的狀態喔！

🐾 如何改善貓咪過度理毛？

如果你的貓已經有禿毛的狀況，建議你分兩階段排除。

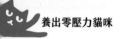

第一階段：排除生理和病理問題

　　貓在身體不舒服時，特別容易透過舔毛安撫自己或表現病徵，因此，如果發現貓有禿毛，請一定要先帶貓看醫生，排除生理疾病。可能造成貓咪過度理毛的疾病有很多，例如：黴菌感染、寄生蟲、膀胱炎、腫瘤、腎臟病、骨刺、食物過敏、關節炎等。如果在檢查後發現一切正常，才可能是心因性過度舔毛。

1　食物過敏

　　我第一次看到胖胖，他的屁股兩側紅通通、光禿禿，而且會一直舔大腿、抓脖子。胖胖的爸爸告訴我，只要看胖胖一直抓癢他就會焦慮得睡不好，尤其晚上聽到胖胖舔毛「刷刷刷」的聲音，更讓他擔心得不得了。每次覺得胖胖好像越來越嚴重，他就會趕快帶去看醫生，吃藥後，胖胖的狀況會舒緩一陣子，但過不了多久，停藥又會反覆發作，醫生說胖胖可能是食物過敏。

　　如意也是，雖然她的狀況比胖胖好一點，屁股並沒有禿毛，但是如意的搔癢情況卻比胖胖嚴重很多。如意的耳朵曾經反覆起紅疹、流組織液，進出醫院吃藥好幾個月、甚至清創，一直反覆發作沒有好轉，醫生也懷疑如意是食物過敏，但媽媽一直不知道該如何改善。

　　如果貓咪是因為食物過敏搔癢引起禿毛，爸媽只需要做一個很簡單的調整步驟就能開始改善，那就是：飲食紀錄。

　　在仔細了解如意和胖胖的就醫歷史後，我請胖胖的爸爸和如意的媽媽仔細記錄每天餵貓咪吃的食物內容，包括品牌、口味和份量，以及貓咪搔癢的強度和皮膚紅腫程度。

　　只要發現貓的搔癢強度增加，就停止正在餵食的食物，換另一種食物，再觀察是否有改善。換食物時建議先換品牌，如果發現不同品牌類似口味也會搔癢，就更換肉種。例如貓咪吃了Ａ品牌Ａ口味後搔癢嚴重，那可以換Ｂ品牌Ａ口味觀察看看；假設吃了Ｂ品牌Ａ口味也沒改善，那就試試看Ｂ品牌Ｂ口味，或Ｃ品牌Ｂ口味。

　　如果想確認貓咪是否只針對某品牌或某肉種過敏，在貓完全痊癒後，可以再次少量測試疑似過敏的食物並觀察反應。確定過敏原後，只要能停止接觸過敏原，大部分的貓都會在3天到2週內有明顯的改善，包括皮膚不再泛紅、搔癢頻率大幅降低。大約2週到3個月之間，貓咪的禿毛也會慢慢長回來。

　　如意媽和胖胖爸聽了我的建議，仔細為貓咪做飲食紀錄。幾個月後發現，胖胖只要吃某牌子的鱈魚香絲零食，搔癢狀況就會惡化，但是其他牌子的海鮮口味並不會影響

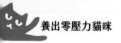

他;如意則是針對任何鹿肉罐頭都會出現非常嚴重的紅疹反應。從此,他們的爸媽就特別小心避開這兩種過敏原,雙貓也就不再有嚴重過敏的狀況了。

2 牙痛

我會發現貓咪牙痛和禿毛也有關聯,是因為巴迪。

我很幸運,養貓 15 年才第一次遇到貓咪牙痛的問題。2016 年,巴迪剛換完乳牙才 2 年,我們就發現他有嚴重口臭,牙齦非常紅腫,有幾顆牙甚至出現反黑的樣子,就醫麻醉照完全口齒科 X 光後,醫生診斷他有早發性牙周病,於是馬上拔牙治療與處理。

當時,小動物齒科 X 光才剛開始在臺灣推出,我在親身瞭解和體驗貓咪齒科治療後,注意到手邊幾隻正在做行為諮商調整、過度舔毛的貓咪,大概有一半以上同時也有齒科疾病的症狀。不過,這些貓咪大多早就被診斷有齒科疾病,也洗過牙或拔過牙,食慾卻沒有改善,過度舔毛的行為也沒有減緩。

後來,我開始跟家長分享齒科 X 光資訊,請爸媽在年度健檢時加入這項檢查,我們發現,至少有一半以上拔過牙的貓咪,牙齦裡都還有齒根殘留,因為早年貓咪齒科手術沒有 X 光輔助,醫生只能憑肉眼拔牙。這些貓咪後來把

殘根清除後，幾乎所有的貓食慾都馬上變好，禿毛部位也在 3 個月內長回原本毛絨絨的樣子。

這幾年，貓咪齒科 X 光漸漸盛行，貓咪齒科檢查也成為例行健檢項目。而我經過多年來統計後也更加確定：大約有 6 成以上的禿毛貓咪都有齒科疾病需要治療，而且有一半以上的貓只要妥善治療，過度理毛的問題就會改善。如果你的貓有禿毛、拔過牙，但從未照過齒科 X 光檢查齒根狀態，建議你現在馬上安排健檢。

3　其他部位疼痛

除了上述 2 個原因，我也調整過許多貓咪因為患有關節炎、扭傷肌肉、長骨刺、便祕等，常舔疼痛的患部，造成禿毛的案例。

🐾 第二階段：排除心理問題

如果爸媽在第一階段排除完後，禿毛還是沒有改善，那就建議進一步排除貓咪的心理壓力。貓是很敏感的動物，生活中有很多小變化都會讓他們覺得有壓力，我們可以透過檢視食、住等生活環境，找到可能造成貓咪過度理毛的各種壓力，幫助貓咪減壓，這部分我在第一章著墨過，在這裡，我要分享幾個最常見的原因，以及經典案例。

1 過度飢餓

走走是我見過禿毛最嚴重的案例之一。走走是一隻黑貓，可能是因為黑色的毛配上白色皮膚很搶眼，所以見到走走時，我非常震撼！

第一次諮商時，我跟媽媽聊到走走的醫療史，媽媽說，走走曾經因為口炎就醫治療，但他的禿毛依然沒有改善，所以媽媽做了一些功課，發現有些資料記載某些肉種會造成貓咪口炎惡化，就特別為走走選擇比較健康的食物。在那次諮商過程中，我注意到走走一直在家裡走動，好像在覓食。

後來我跟媽媽討論走走的飲食喜好，請媽媽先放下健康的堅持，配合走走的喜好讓他開心吃飯，不過短短 3 個月，走走禿了多年的毛就全部長回來了。

原來，走走一直是隻愛吃的貓，以前因為牙痛沒辦法開心吃飯，但在接受治療後，媽媽選擇的健康食物也不是他喜歡吃的口味，這樣的生活對他造成很大的壓力，走走才會無時無刻都在家裡焦慮走動，覓食和舔毛。後來媽媽都很尊重走走的喜好和食量，每天開心吃飽的走走，禿毛也沒再復發了。

2　爸媽生活改變，家中有新成員

　　像走走這樣的例子，是貓咪對飲食的特有堅持，其他時候，爸媽生活中有變化或家中增加成員，也可能因為飲食作息改變，引起貓咪過度飢餓、造成焦慮舔毛。

　　在我的調整經驗中，有不少貓咪開始過度舔毛是因為爸媽的工作有變動，例如常需要加班，或者換工作，作息跟以前不同卻沒調整，所以爸媽每次加班晚回家，無法定時放飯，貓咪就得餓肚子。

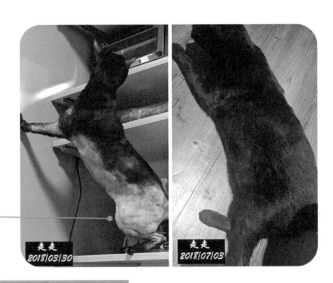

走走的禿毛在找到原因後，只花 3 個月就長回來了。

　　另一種常見狀況則是家裡來了新成員，爸媽沒有調整餵食時間，或沒有適度增加飯量，造成食物不足、貓咪過度飢餓，其中最嚴重的狀況是多貓不合。

　　小毛球是我在 2018 年調整改善的案例，當時小毛球把自己的肚子、雙腿內外側都舔得光禿禿，媽媽每次看到這些禿毛的地方就很自責（虧她還特地取名叫小毛球！）。平常在家裡聽到小毛球舔毛「刷刷刷」的聲音，媽媽心裡也會不自覺地焦慮，無法專心做自己的事，嚴重時連睡覺都會驚醒。

　　媽媽來求助後，我們發現小毛球每天都會被弟弟 Bruce 追咬，不論是吃飯、上廁所、甚至日常走動，只要有任何動作都會引起弟弟關注，完全無法放鬆生活，每天壓力指數都爆表。我們也發現家裡的食物資源不足，弟弟是 10 公斤的大巨貓，食量很大，小毛球則是 4 公斤的哈比貓，所以小毛球的飯常會被弟弟吃光，自己餓肚子，加上他越來越怕引起弟弟注意，只好每天都待在同一個角落發呆睡覺，生活完全沒有刺激非常無聊。

　　找到這些問題後，我帶著媽媽判斷雙貓爭執的問題點，調整飲食份量，增加弟弟的活動量，也幫小毛球做了一些逃生路線及貓電視娛樂，2 個月後，隨著雙貓的爭執越來越少，我們也注意到小毛球的黑毛越長越快了。

不戴頭套、不穿防舔衣，改善效果持久

　　大部分人遇到貓咪過度理毛的狀況，都會想幫貓戴頭套、防舔圈或穿防舔衣，這些阻擋的方式都是人類比較直覺能想到快速解決問題的方法，是很正常的反應。可是如同我上述所說，「理毛」是貓的生活重心，如果受到外在阻撓無法順利整理自己的毛髮，很多貓反而會更焦慮，一直努力想掙脫頭套和防舔衣，或伺機而動，只要一有機會脫掉頭套或掙脫防舔衣，「重獲自由」後，他們會出現補

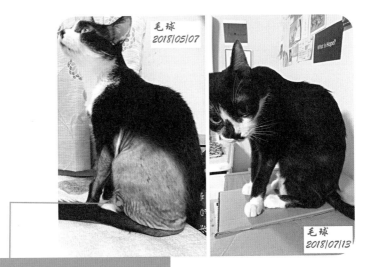

小毛球會過度理毛，壓力來自巨貓弟弟 Bruce。

153

償心理，加倍奉還、舔得更嚴重，禿毛速度也會變更快，形成類似減重的「溜溜球效應」，一直復發。有些貓甚至會舔到皮膚受傷、起紅疹或感染其他病菌，把狀況變得更複雜。

有些爸媽則是會想單純依賴費洛蒙，或抗焦慮藥物解決貓咪過度理毛的問題，但這些都是治標不治本。想像一下，假如你因為壓力太大睡不著覺，需要仰賴安眠藥，你可以只靠安眠藥就解決壓力嗎？

因此，我在幫助爸媽改善貓咪心因性過度理毛的過程中，完全不建議只依賴頭套、防舔衣或單一藥物，爸媽應該把重點放在尋找造成貓咪過度理毛的原因，對症下藥才能從根本解決問題。這樣一來，人類也才不用整天浪費時間盯著貓，想辦法阻止貓咪掙脫束縛，或者逼討厭吃藥的貓咪吃藥，甚至因為負面的互動影響人貓感情。

在我的行為諮商經驗中，我發現用治本的方式改善貓咪過度理毛，效果才最持久，小毛球就是一個很棒的例子。幫小毛球改善禿毛的 2 個月之間，我們完全沒有幫他戴頭套、沒穿防舔衣，也沒有服藥，從根本解決問題後，媽媽一直維持到現在，小毛球的過度理毛問題都沒有再復發，而且和 Bruce 的感情也越來越好，甚至會睡在一起呢！

小毛球畢業多年後，現在不只毛絨絨，
跟弟弟感情也越來越好。

挑食又不喝水的 Q餅

說到挑食問題，我就得再次搬出貼心毛寶小老師——巴迪。在養巴迪前，我從來沒接觸過會挑食的貓咪。

我的第一隻貓毛鼻雖然有「食物恐新症」，長年都吃一模一樣的食物，但他是一隻熱愛吃飯的橘貓，多年來對食物的熱情絲毫不減。小時候，只要大喊：「吃飯囉！」毛鼻不管在家裡哪一個角落，他都會秒速出現在我們面前，大口大口開心吃飯。

不過我剛認識巴迪時，他也跟毛鼻一樣，才巴掌大的

他，在路邊看到我開罐頭時非常開心、呼嚕呼嚕把食物一口氣就吃光光。帶巴迪回家剛開始那 3 個月，他只要聽到塑膠袋的聲音就會用光速衝到我面前，趁我不注意就會偷吃人類的食物。有一次，他甚至緊咬著洋芋片的袋子不放，任由我連貓帶袋提起來，就是不放棄。

那時，我一直以為巴迪就像毛鼻一樣愛吃，畢竟十隻橘貓九隻胖，直到他 8 個月大換牙時，情況才開始發生變化。2015 年開始，我常發現家裡明明還有飼料，巴迪卻不願意吃，可是他看起來肚子很餓，非常躁動。此外，我也發現他有一些才剛長出來的恆齒居然發黑，牙齦紅腫、嘴巴極臭，最後安排檢查，醫生診斷他有早發性牙周病，必須接受全口拔牙。

本來我們預期他的拒食行為應該是因為牙痛，在牙齒治療後食慾就會恢復，變回以前那個看到食物就很瘋狂的巴迪，結果卻完全不如我預期。2016 年，他挑食的狀況越來越糟，甚至出現慢性腎臟疾病的症狀。當時他才 3 歲，卻有像老年貓的血檢指數，醫生叮嚀我要讓貓多吃濕食、多喝水。

我開始想盡辦法讓他多喝水，每天嘗試各種偏方，所有網路上的「騙水奇招」我都試過，例如用很香的副食罐加水、用肉泥加水、買特別的碗讓水更好喝，全都很快就

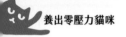

以失敗收場，而且慢慢地，我也察覺到巴迪和我之間的關係發生了變化。巴迪剛來家裡時，他無時無刻都黏著我，晚上睡覺躺在胳肢窩裡，白天我工作時他就躺在我腿上，但在騙水的這段日子裡，他只要看到我拿碗、聽到要吃飯就躲我，讓我非常難過，於是我決定改變方法，重建我們的感情。

從那天開始，我努力研究貓的飲食行為，試著把所有學過的行為知識都應用在生活調整上，除了在醫療過程中配合醫囑，也擬出一套應付貓咪挑食、讓貓多喝水的方法，因而設計出「挑食退散」的課程。

世界上最不挑食的貓

成為貓奴後，我常覺得身體裡有個貓雷達被打開，走在路上，很多浪貓都會突然出現在眼前，當然也因此多了許多緣分，我常遇到需要救援、結紮的浪貓，平時，我跟先生也有固定照顧的 TNR 浪貓，我身邊有很多跟我一樣的中途朋友，每次在聊貓咪飲食時，我們都一致認同：世界上最不挑食的貓，就是浪貓。

一但被人類收編、成了家貓後，這些貓的個性就會開始改變，他們會勇於表達自己的喜好，而人類所謂的「挑食」行為就會開始出現，巴迪就是最典型的例子。

　　你的貓可能跟巴迪一樣，剛收編時什麼都好、什麼都吃，但漸漸地，他也會表達自己的喜好，只是每隻貓個性不同，有些貓會很直接表達抗議，有些貓雖然對伙食不太滿意，還是會配合著乖乖吃掉。雖然我們常説貓很難懂，但有時我又覺得，他們其實跟人沒什麼兩樣，就像有些人對食物不太講究什麼都吃，有些人卻異常挑食只吃特定食物，挑食的貓只是比較堅持自己的喜好而已。

🐾 遇到挑食貓怎麼辦？

　　我來講一個經典的案例，其中有幾個很重要的調整技巧，你也可以用來調整自己的挑食貓。

　　小九是雙貓家庭的媽媽，她有 2 隻貓，分別叫作「Q」和「餅」。餅就跟巴迪一樣，非常勇於表達自己的意見。餅是乾乾控，她討厭吃罐頭，而且只要小九餵的是餅不喜歡的食物，她就寧可整天不吃飯，甚至會一直不停亂叫，叫到小九放她最愛的乾乾為止！本來小九覺得吃乾乾也好，應該沒關係，直到一次健康檢查，醫生告知她的兩隻貓腎指數都超標，而且嚴重脫水，幾乎算是罹患腎臟疾病了，小九才驚覺大事不妙！

　　小九第一次跟我聯繫是 2019 年，她傳訊息給我：「血檢腎指數超標且都有脫水現象，平常是乾乾任食，上週心急

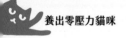
想轉食，弄得彼此壓力很大。他們食量小，每天大概各 35 克乾乾，副罐補水只能加一點點否則就不吃，期間試過不少主食罐，只有一種勉強吃。餅這週每天幫他灌水 40ml，總之兩貓被我弄得沒食慾又壓力大，餅的體重還因此輕了 100 克。」

從小九的訊息裡，有沒有看到似曾相似的心情和情境呢？很多爸媽都跟小九一樣，我也不例外，我們都曾經體會、或聽聞貓咪年紀輕輕就罹患腎臟疾病這樣可怕的故事，自然會很注重貓的飲食健康、希望貓咪多喝水，但貓的祖先來自沙漠，他們天生討厭喝水，有些貓咪又像餅那樣熱愛乾乾、拒吃濕食，爸媽根本拿他們沒轍，如果強迫灌水，爸媽甚至會被貓討厭、攻擊。

🐾 改善挑食的必勝公式

雖然網路上貓咪飲食的資訊非常多，但都少了系統化的統整，加上每隻貓個性不同，同樣的方法對 A 貓有效、B 貓不一定買單，因此我在設計「挑食退散」時，擬出了一套改善挑食的必勝公式。

1 寫下你的困擾

大部分人都是發現問題才開始想改善貓的飲食，因為

這些問題很令人困擾，爸媽會想改善，或想避免貓咪生病。如果你也是這樣，請先試著把自己的困擾和想避免的問題，或很害怕會發生的事情條列式寫出來。

2　訂定你的目標

到目前為止，我至少幫助過 200 個家庭、6000 隻貓咪改善飲食問題，在調整過程中，我發現大部分爸媽都不會先訂目標。訂定目標這個步驟非常重要，一旦忽略，改善計畫就會混亂，成功機率也會大幅降低，所以在諮商一開始，我一定會先帶爸媽釐清自己的憂慮、訂定確切的目標。

什麼樣的目標才算確切呢？在發現餅挑食時，小九剛開始只希望貓不要再挑食。你可能跟她一樣會誤以為這就是你的目標，但在我帶她深入探索為何希望貓不要挑食後，她才更了解自己其實是希望可以改善貓咪脫水的問題、降低他們的腎指數，也就是說：小九希望貓咪可以多喝水。但是她的貓不喜歡自己喝水，如果灌水，人貓感情又會受到嚴重影響，這也不是她喜歡的生活，因此，我們討論後調整了作法：改餵濕食，讓貓咪透過主動進食就達到多喝水的目標。

但是，小九說餅只愛吃乾乾、不愛吃濕食，於是我們再次調整目標為：讓貓未來吃的濕食比現在多。

根據醫生建議，貓每天應該攝取的水分至少是體重每公斤 40ml，也就是說，如果濕食中有 70% 水分，4 公斤的貓至少要吃 230g 濕食才能攝取到標準水量。但是，餅原本一天吃不到 1/4 罐濕食，所以我們沒有一開始就決定要達到標準攝水量，而是設定一個更好達成的目標，這樣小九才能在短時間內達標，幫助她維持動力不半途而廢。

你也可以這樣做，如果你的貓現在濕食一口都不碰，卻把目標設定為「每天吃 300g 罐頭」，因為目標太大，你可能很快就會覺得挫折而放棄。如果你把目標改成：「我希望貓咪這個月可以比上個月多吃 10% 濕食」，再用我待會要分享的技巧調整，就能很快看到成果，也會比較有恆心持續努力。一段時間之後，你的貓就能真正吃到 300g。

3 付出行動

這是成功最大的關鍵，就算設定再多目標、學再多技巧，如果你害怕改變或懶得嘗試，問題就絕對無法改善。你有沒有過這種經驗？遇到問題看了一堆資料，最後卻因為資訊太多覺得壓力好大，結果沒有作為，情況也完全沒變。

成功最好的方式其實是持之以恆慢慢來，也是因為這樣，我們才會設定很多小目標，一步一步慢慢前進，只要不放棄，一定會走到終點。

瞭解改善挑食的公式後，我跟小九分享「挑食退散」的調整技巧，在最短時間內加倍餅的攝水量。

🐾 騙貓喝水 ≠ 讓貓多喝水

網路上其實有很多教爸媽騙貓多喝水的方法，小九也都一一嘗試過，但是她發現，不只貓咪越來越討厭她，自己也非常辛苦，一點都不開心。我所設計的讓貓多喝水的行為調整技巧，遠遠超過單純的「騙貓喝水」，因為「騙貓喝水」這個方法只能治標、不能治本，我跟小九分享其中 6 個很關鍵的技巧。

1 探索貓的喜好，餵貓愛吃的濕食

貓在野外會獵食小動物，而小動物體內就含有 7 成水分，所以餵貓吃以蛋白質為主的濕食才是符合天性的作法。但你可能會誤解，以為只要直接停掉乾乾，改吃全濕食就可以；或者可能有堅持只餵「白肉／健康的罐頭」或「自製鮮食／生食」的迷思，忽略了貓的喜好，這都可能造成貓只願意吃一點點濕食，影響從食物中攝取的水分含量。

在探索之後，小九發現餅確實有喜歡的副食罐，不過因為是海鮮口味，小九怕她吃得不健康，長期只敢給餅吃雞肉罐頭。但在她尊重餅的喜好後，餅馬上就從一天只吃

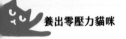

1/4 個罐頭，進步到可以吃掉半個以上的罐頭，攝水量立刻加倍。

2　在貓最餓的時候，先餵他最愛的罐頭，而且不加水

因為餅是乾乾控，食量又很小，常一口氣吃光乾乾後就能飽到下一餐，根本沒多餘食慾吃罐頭。因此我請小九把乾飼料稍微減少一點，並把給乾乾的時間延後，在餅肚子餓時先給罐頭。利用這個方法，貓就會主動自己吃濕食，小九也能不費吹灰之力就讓貓咪增加水分攝取量。

你可能跟小九以前一樣，擔心貓咪愛吃的罐頭不健康，所以不願意多給，而是用一小口罐頭加一整碗水，做成「茶泡飯」騙貓多喝水。但貓是美食家，雖然剛開始確實可能會因為想吃罐頭傻傻被騙，不過通常都會很快想到辦法破解：叼出來吃、用手撈肉吃，或開始討厭吃罐頭，甚至一口都不吃。而且，貓的動物本能可以分辨出營養不足或熱量不夠的食物，大量摻水的罐頭無論是味道、營養或熱量都被大大稀釋，最後他可能一口都不願意吃，不只影響食慾，更可能影響貓對你的好印象，狀況反而會越來越糟糕。

小九聽了我的建議，決定放手一搏，每次放罐頭都不加水，給餅最原始、香噴噴的海鮮口味。沒過多久，她發現原本會刻意躲她的餅居然開始期待吃飯、會等她放飯了！看到餅進步得這麼快，小九士氣大振！於是她想：如果減

少乾飼料貓就會多吃濕食，那就先不餵飼料，看餅能吃多少副食罐！

後來她才知道，這是個錯誤的決定。

3 主食熱量要充足

如果你的貓喜歡吃乾飼料，最好適度降低乾飼料的比例，並在貓餓的時候先餵他喜歡的罐頭，類似人類「先喝湯、再吃飯」的概念，才能有效增加貓咪攝取濕食的份量。

不過如果要以「減少乾飼料、多吃副食罐」這個方法幫貓補充水分，必須特別注意乾飼料份量是否充足？貓咪平常有沒有吃飽？貓是肉食性動物，單純增加水分攝取無法讓貓變健康，他們也需要攝取足夠熱量才能維持身體機能，否則體重快速下降，反而會導致身體出問題。

此外，副食罐熱量低，別忘了貓可以憑著動物本能分辨出營養不足或熱量不夠的食物，如果貓咪過度飢餓，也會拒吃副食罐喔！這個時候就算你給的是貓咪平常喜歡吃的罐頭，他們也會拒絕接受，就會影響水分攝取。餅就是這樣的貓咪。

小九發現，如果她過度限制餅能吃的乾飼料份量，餅反而不願意主動吃濕食，但如果她讓餅吃適量的飼料或凍乾補充熱量、補足營養，餅一天居然可以吃掉 2 個以上的

副食罐！你可能難以理解貓咪的堅持，但想像一下，如果每天只喝湯不吃飯，你會覺得飽嗎？你的身體可以得到需要的營養嗎？

如果你的貓只喜歡吃乾飼料，也不適合直接把乾飼料改成主食罐、生食或鮮食。大部分熱愛乾飼料的貓咪會執著自己習慣的食物，如果你擅自改餵其他種類的食物，貓咪很容易會因為不適應而影響食慾，這樣反而會讓攝水量大幅降低。如果你希望貓咪轉食，慢慢改變貓才有機會適應。

4 飲食營養要均衡

你是不是以為要餵低磷的罐頭，才能預防貓咪腎臟疾病？其實，健康的貓並不需要限制低磷飲食，也不是所有罹患腎臟疾病的貓都需要低磷飲食喔！長期擅自限制貓的微量營養攝取，反而會讓貓咪營養不均衡、引發其他健康問題！而且我要再次強調，大部分貓都有動物直覺，知道身體缺乏什麼營養素，有時聆聽貓咪的喜好會更有幫助。

5 保持日常心情愉快

貓跟人一樣，長期不開心、壓力大都會影響食慾，如果濕食吃得少，水分攝取自然會受影響。最常讓貓覺得壓力大的原因是：飲食出問題、多貓不合和過度醫療。

　　貓跟人一樣，有自己的喜好和食量，有些貓天生胃口大，有些貓就愛吃美食，有些貓喜歡菜單常變化。如果長期吃不飽、或吃不到喜歡的東西，都可能造成心理壓力。此外，在多貓家庭中，如果貓會打架也會造成長期壓力；假如貓咪害怕看醫生，那你一定要好好評估就醫的必要性和適當的頻率，並做好零恐懼醫療減壓練習，才能降低這些常見的貓咪生活壓力。千萬別忘了，貓的心理健康和生理一樣重要，吃得開心、活得輕鬆，貓才會更健康長壽。

6 保持砂盆清潔與舒適

　　保持砂盆清潔與舒適可以變相鼓勵貓咪多喝水、多尿尿。就像過年返鄉時，如果你害怕塞車沒地方上廁所，是不是根本不敢多喝水？貓咪也是一樣，貓非常愛乾淨，舉凡砂盆太髒、貓砂踩起來不舒服、味道太重，都會讓他們寧可憋尿或亂尿。

　　多貓家庭常見的問題則是砂盆不夠用。提供足夠的砂盆並分散放置，搭配使用踩起來舒服的無味礦砂，每天至少清理 1～2 次，保持廁所清潔和舒適，才能鼓勵貓咪正常排泄，貓也才不會因為憋尿降低喝水的意願。

　　小九在畢業後一直依照這幾個技巧，持續調整 Q 餅的飲食，順利為雙貓轉為全濕食。半年內，她又做了兩次追蹤血檢，兩隻貓咪的 SDMA 都順利從 2020 年 4 月測出來的

32 和 22，順利降到正常範圍 7（標準值是 14 以下），在第二次血檢拿到報告後，她驕傲又放心地跟我分享維持的效果，並持續配合醫師追蹤檢查。

讀者專屬課程 ╳ **設計你專屬的多喝水菜單**

如果還想學更多「挑食退散」技能，我特地為本書讀者準備了三堂課，設計你專屬的多喝水菜單，請至「貼心毛寶」官網（petbuddytraining. com），或掃 QR CODE，查看更多詳細資訊。

多貓大戰——
呆門和 Murmur

2013 年底，在短短 2 個月內，我從單貓家庭晉升到三貓家庭。在收養老二邱巴卡時，我還有時間用漸進的方式引介貓咪認識，但隨後巴迪突然出現，完全打亂了家裡的節奏。當時的老大娜娜對巴迪印象很差，也埋下日後多貓不合的種子。在那之後，我開始深入研究所有多貓社群的文獻，發現行為學家對多貓相處的研究也不多，我開始拼湊和摸索可以改善多貓關係的方式，在三貓身上實際運用和測試，試著維持他們的感情。這段摸索的經驗，以及日後透過一對一諮商等方法，幫助更多爸媽持續成長的

歷練，最後讓我集結統整出「多貓休戰祕笈」。

貓到底是在玩，還是在打架？

在我接觸多貓不合的案例中，我發現爸媽最常遇到的問題是「不知道如何判斷貓咪到底是在玩，還是在打架」。貓在野外生活時，如果遇到跟同類有衝突，天性反應是躲避，而不是正面衝突。如果正面交鋒，貓咪也會先利用很細微的肢體語言溝通、迴避彼此，所以對人來說，多貓不合的初期徵兆非常容易忽略，等到這些衝突和壓力累積多時，才會演變成看得到、聽得到、明顯的「貓咪打架、哈氣、叫囂」。而且貓沒有階級制度，也沒有誰是老大的概念，在貓的世界，所有資源都是共享平分的，如果住在一個屋簷下資源分配不均，引起多貓不合，那貓咪每用一次就需要爭一次，如果爸媽坐視不管，貓咪絕不可能自行和好。因此，預防和判斷多貓的幸福指數，並維持多貓間的感情，是多貓家庭爸媽一定要定期做的一件很重要的事。

多貓家庭幸福指數評測

多貓間的感情會隨著資源需求和調配不同，根據我的統計，大概每 2 週到 1 個月就會有變動，建議爸媽至少每

2 週做一次多貓家庭的幸福指數評測，如果貓咪感情好，就繼續努力維持，如果貓咪開始出現不合徵兆，要趕緊調整資源，才能及早止血。

🐾 相親相愛的指標

貓咪在相親相愛時會有三大指標，可以評估你的貓出現這些指標的頻率，每符合一項就能加 1 分：

1 身體碰身體

感情好的貓咪會一起休息、一起發呆、一起看貓電視，做這些事情時身體會碰到對方，有些貓咪甚至會把尾巴捲在一起。

2 互相洗頭

在行為學上，這個舉動稱為 Allogrooming，貓咪會互相幫對方洗頭、舔脖子和頭頂，藉此維繫感情。不過爸媽要特別注意，這個行為很容易走鐘喔！因為貓咪自己可以清潔到的部位，就不需要其他貓咪幫忙清潔，如果你的貓只舔對方頭頸以外的其他部位，那就不算友善的表現，有時甚至是在驅趕對方喔！通常這樣的驅趕行為最後，其中一貓會離開現場，或哈氣、張口咬對方。

3 不會互相哈氣叫囂

大部分貓咪友善的舉動都是靠肢體語言，或搭配上揚的音調，絕不會出現哈氣、叫囂這些衝突的聲音。

🐾 多貓不合的指標

多貓不合時，貓咪不會一開始就叫囂哈氣，他們會用細微的肢體語言「暗示」對方迴避，因此有很多初期的多貓不合徵兆容易被忽略。貓咪在不合時有三大指標，如果你的貓有這些行為，每符合一項就要扣 1 分：

1 貓咪會玩躲貓貓

最常見的初期徵兆就是「王不見王」的「躲貓貓」行為。例如巴迪在客廳休息、邱巴卡就在房間睡覺；巴迪進房間、邱巴卡就趕緊離開。同時，很多貓會避免跟其他貓咪一起吃飯，所以大家都在吃飯的時候，他就不出現，等大家都吃完後他才撿剩菜，或只吃一點就離開，明顯沒有食慾，而這種徵兆，很容易被誤認為貓咪挑食。

2 家有胖虎貓

通常多貓不合時，都會有幾隻貓咪個性比較強勢，喜歡霸占資源，就像胖虎一樣，整天躺在路上等著大雄經過

要霸凌，而這些胖虎躺的路線，大部分也都是通往重要資源的路線，例如去砂盆、飯碗或貓電視的路上。有些胖虎甚至會整天追咬大雄貓，造成家裡貓貓自危、貓心惶惶。

3　家有樹懶貓

在多貓不合卻又狹路相逢時，貓咪會變得像樹懶一樣慢動作，非常謹慎且警戒地互動，有些貓咪會僵持很久，可能也會搭配不愉快的聲音，希望對方先離開。這時任何風吹草動都可能驚動正在對峙的貓咪，也是貓咪最常出現轉移攻擊的時候，如果媽媽突然伸手去摸抱貓，貓就很容易受驚嚇、反射性地張口咬人。

4　出現哈氣、低吼、叫囂等不愉快的聲音

如果在僵持時沒有任何一方退讓，貓咪就可能會發出哈氣、低吼或叫囂的聲音，希望對方迴避。在很多打架的家庭中，常被欺負的貓也會因為長期對胖虎貓有不好的印象，因此只要看到胖虎貓，就先不管三七二十一哈氣和低吼，想警告素行不良的胖虎千萬不要靠近。有些貓咪則會在玩得太激烈時翻臉哈氣，最後以爭執收場，都是常見的多貓吵架互動。

多貓的感情沒有固定的階級，他們會隨著身心狀況、環境和季節不停變化，相親相愛和多貓不合有時也會同時

並存，例如早上還在打架的貓咪，下午卻窩在一起睡覺，因此，建議爸媽每週做一次評測，分數越高代表貓咪感情越好，分數越低感情越差。如果你的貓目前很恩愛，非常恭喜你，繼續保持；如果你的多貓感情是負分，一定得好好調整環境，情況才不會越來越糟糕。

🐾 多貓休戰祕笈與案例分享

接下來我要分享的案例和技巧，可以幫助你在最短時間內改善多貓感情。

管管的媽咪來諮詢時，管管每天都要跟室友呆門大打出手 300 回。管管和呆門的媽媽當時住一間小套房，因為呆門是後來才到，所以媽媽決定用關籠的方式引介雙貓認識。呆門每天都有放封時間，但他還是小貓咪，整天就像是一顆金頂電池，渾身是勁、無處放電。管管是隻個性警戒的貓咪，在呆門出現後環境緊迫，脾氣變得非常暴躁，對呆門印象很差。從那時候開始，兩隻貓就整天不停打架，出了籠也打、隔著籠也打，整整打了 2 年，媽媽試過各種方法都無法改善。

多貓家庭幸福指數評測表

幸福指數	敘述	分數	第1週	第2週	第3週	第4週	項目總分
相親相愛							
身體碰身體	一起睡覺、休息，磨蹭對方身體。	+1					
幫（給）對方洗頭	僅限脖子以上部位，其他部位不算。	+1					
不哈氣、不出聲	沒有哈氣、低吼、叫囂，或任何不愉快的聲音。	+1					
多貓不合							
躲貓貓	王不見王，有A就沒有B，就算是最愛的玩具／零食，也不願意靠近對方。	-2					
胖虎貓	不一定很胖，但會整天巡邏，欺負或追咬別的貓。	-2					
樹懶貓	經過路口或其他貓時，會變成慢動作，通常胖虎貓會在旁邊站崗死盯。	-2					
有哈氣、出聲	會哈氣、低吼、叫囂，有不愉快的聲音。	-4					
整體幸福指數							
各週總分	每週評測，總分越高，感情越好。						

※ 可至「貼心毛寶」官網（petbuddytraining.com）或掃描 QR CODE 下載完整測評表。

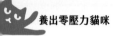

🐾 重新隔離引介

我在 2-6 提過，用關籠的方式引介貓咪，常會造成籠裡和籠外的貓都在高壓環境裡生活，無法放鬆便無法相處。像管管和呆門這樣已經每天打架無數次的貓咪，想讓他們重新開始，只能「重新隔離和引介」。

我跟媽媽分享，想要改善多貓不合，最重要的是「改變環境」。環境變了、壓力減輕，貓自然會改變，等貓放鬆後，也才有機會重新跟其他貓和平相處。在多貓打架的環境中，雖然每隻貓狀況不同，但貓咪一定都有各自的壓力，管管的壓力就是呆門每天放封時會入侵她的領域，而呆門的壓力則是住在籠子裡過度無聊。

不過當時，管管媽咪租的套房契約還沒到期，無法貿然搬家，套房裡也沒有多餘的房間可以正確隔離貓咪，於是我只能帶她先利用既有資源，幫貓咪減壓。

🐾 第一階段：重新隔離，增加呆門的生活樂趣、降低管管的壓力

我先請媽媽把呆門的三層籠移到窗戶前面，讓呆門在籠子裡也能看貓電視，同時，請媽媽每天定時跟呆門模擬

狩獵。但是！在呆門出籠子放封時，也希望管管不要覺得有壓力。因此，我們在廁所乾淨的高處放了一個小貓床，吸引管管注意力，每天晚上管管吃完飯後，她果然就自己跑到廁所洗臉、休息，這時，媽媽再輕輕把門帶上，然後放呆門出來「放電」。除此之外，媽媽也設計了一個只屬於管管的遊戲時間，陪管管模擬狩獵。像管管這樣平時很拘謹的貓咪，都可以透過模擬狩獵的過程紓壓、增加自信。

平常雙貓隔離時，我們也想辦法避免他們持續衝突，減少彼此的仇恨。所以媽媽找了各種不同材質的板子加裝在呆門的籠子外面，盡可能把雙貓的視線完全隔絕。

一開始，管管還是很在意呆門在籠子裡的一舉一動，只要有聲音，就會跑去守在籠子門口，但沒過多久，她發現真的無法看到呆門、也無法跟呆門打起來之後，她就開始專注自己的生活，吃飯、遊戲、看她專屬的貓電視，管管的生活也因此越來越放鬆和規律。在這個階段的尾聲，本來不喜歡人類碰觸的管管，已經會暗示媽媽要摸摸了。

你家如果不像管管家這麼小，甚至有多餘的書房或客房，可以參考 2-6 的隔離方式，把容易被欺負，或對隔離反應比較溫和的貓咪重新隔離，讓會打架的貓咪爭執歸零。

在這個階段中，大部分爸媽最難抉擇的就是應該隔離哪隻貓。因為對隔離反應良好的貓，可能都是被欺負的貓，

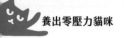

而會欺負別人的貓，通常則是焦慮行為比較外顯的貓，可能比較霸道、容易大叫、無法接受被關在某個空間。很多爸媽都會跟我說，一想到要隔離被欺負的貓就覺得心痛：他明明沒做錯事，為何要被關起來？

這是人類反射的同理心，代表你真的很愛貓！如果你也有這個掙扎，請放心把被欺負的貓咪隔離在「資源充足」的房間，只要每天安排陪伴、遊戲時間，我跟你保證，這些貓咪絕對不會認為自己被懲罰，他們反而會因為可以不再被騷擾而覺得耳根清淨、非常紓壓。沒過多久，你就會發現被欺負的貓咪心情、食慾都明顯變好，如果你每天陪他遊戲，他甚至會變得更有自信，未來被欺負時，有些貓還會還手呢！

🐾 第二階段：準備重新見面，讓貓放鬆，就有機會重新開始

一般來說，像管管和呆門那樣完全沒有空間可以重新引介的案例，我都會幫助爸媽搭配預算，另尋適合的住處。如果是有空間可以重新隔離的家庭，則會利用調整擺設或輕裝潢的方式，幫助貓咪重新開始。

在重新見面前，爸媽需要謹記一個大原則：在貓被隔離、冷靜下來前，他們不可能和平共處。

因此，絕不能著急，只要你的貓還會在隔離的門前當守衛，就代表你隔離得不夠徹底，或時間不夠久，一定要等到雙方都有自己的正常生活，第二階段才能開始。

管管和呆門利用籠子完全隔離不久後，他們偶爾見到對方也不如以往這麼激動了。但媽媽還是希望用最正確的方式重新引介，因此在租約到期後，決定搬家。

在找房子時，媽媽找了有多房的租屋，一方面是管管進步很多，她希望管管可以自由進出主臥，繼續培養人貓感情。另一方面也希望呆門有自己的房間。她的新家有一個長廊，所以她在長廊裝了隔離門，把家裡的資源平分為二，擴大呆門的領域。呆門原本在舊家只能待在三層籠裡，到了新家後，他可以自由進出客房和客廳，管管則擁有主臥、書房和一半的走廊，每個空間都有很棒的貓電視。

每天，媽媽和伴侶會分別陪雙貓遊戲，然後安排見面時間，一起吃肉泥、一起隔著柵門玩遊戲。因為呆門和管管以前長年隔著籠門打架，所以我們知道一個隔離門是無法阻止他們發生爭執的，因此，我們在長廊上設計了兩道門，中間保留一個「緩衝空間」。也就是說，即使雙貓都非常激動地衝到隔離門前，他們再怎麼伸長雙手都打不到

對方，只能隔空叫囂。

緩衝空間可以非常有效地阻止貓咪意外發生衝突。通常在隔離貓咪後，最常發生意外衝突的時候，就是人類進出隔離空間時。常有貓咪會尾隨爸媽、快速通過隔離柵門，衝到敵方陣營亂打一通。因此緩衝空間可以容許爸媽先關一扇隔離門、再開第二扇隔離門，即使貓咪偷跑，還是處於被隔離的狀態，無法直接跟敵營接觸，是一個讓人貓都安心的措施。

後來我們果然發現，緩衝空間對管管和呆門非常有效！他們在搬家後常常隔柵欄盯著對方，但很少正面衝突。隨著每次見面練習越來越和平，媽媽也開始把緩衝空間的距離慢慢縮短，讓雙貓慢慢練習不要隔著柵門打架。

🐾 第三階段：調整重要資源

如果你觀察到貓的感情時好時壞，而且常在某一個時段比較容易打架，其他時候次數不多，像是放飯前 1～2小時才會打架，吃飽飯後靠很近也沒關係，那就不需要重新隔離引介，可以直接跳到階段三：調整重要資源。

在多貓家庭中，有幾個攸關生存的重要資源很容易引起多貓爭執，那就是食物、砂盆、水、留氣味的領域，還

有通往這些資源的路線。

四個步驟，統一多貓作息

食物絕對是貓咪最重視的生存資源，如果希望貓咪們和平相處，一定要優先調整。

如果是雙貓家庭，把貓隔離後可以先針對單貓調整飲食。以管管為例，管管長期跟呆門打架壓力過大、影響吃濕食的食慾，她的腎指數一直偏高，所以跟呆門完全隔離後，媽媽就利用我分享的技巧探索管管喜歡的食物，並搭配每天遊戲放鬆，專心為她調整飲食，慢慢地，管管的食慾也越來越好，腎指數一直維持得很平穩。

如果是不需要隔離、或三貓以上的家庭，那你會很需要針對多貓環境做飲食調整。

多貓家庭中，最常見的問題就是飲食失衡引起的爭執和打架。所謂的「飲食失衡」簡單來說，就是有些貓食量大、永遠覺得沒吃飽，有些貓食量小、永遠搶不到食物，或者多貓作息不同，A 貓肚子餓時 B 貓不餓，B 貓想吃飯時卻又過了放飯時間，因此大食怪又愛吃的貓咪常會用暴力搶食，小鳥胃又挑食的貓咪則會被欺負、影響食慾，或因食物被吃光越來越瘦小、甚至影響健康。

我來舉另一個實際案例，讓你更有概念。

Murmur 家有三隻貓，Murmur、Minna 和 Molly，Molly 是大食怪，Minna 則是小鳥胃兼美食家（也就是很挑食的意思啦），Murmur 只愛吃乾乾。在我剛認識他們時，Minna 常常整天不吃飯，媽媽準備給她的罐頭都會被 Molly 吃光光。可是 Molly 已經直逼 8 公斤，每次健康檢查都會被醫生警告不能再繼續胖下去，所以媽媽總是要護著 Minna 的食物，以免被 Molly 偷吃。但用人工護食談何容易！Molly 還是會想盡辦法趁媽媽不注意，把食物吃光光，等 Minna 想吃飯時，飯碗早就空空如也。

這時，肚子餓的 Minna 就會在家裡四處走動覓食，有時媽媽沒注意或不在家，無法為 Minna 再準備新食物，Minna 就會因飢餓過度變得野蠻，甚至拿 Murmur 出氣，她會不停追趕、撲咬 Murmur，雙貓常常發生嚴重爭執。Minna 也因為水分不夠，腎指數節節上升。

像 Murmur 家這樣 A 欺負 B、B 又去欺負 C 的「食物鏈」情況，在多貓家庭中十分常見。如果你仔細看這個故事應該就能理解，Minna 會欺負 Murmur，是因為家裡的食物常常被 Molly 吃光，但即使 Molly 已經偷吃了，她依然常覺得自己還有點餓，而 Murmur 因為常被 Minna 無故攻擊，越來越容易因為小事就受驚嚇，生活壓力極大，無法跟其他貓

咪好好相處，這就是我所謂的「飲食失衡」引起的多貓爭執。

在這樣的情況下，我最建議用以下 4 個步驟統一多貓的作息，只要平衡多貓的飲食，就能順利解決問題了。

1 尋找貓咪的共同喜好

雖然每隻貓都有自己的飲食偏好，但如果稍微留意，一定能找到至少三分之二的貓都能接受的食物品牌和口味，我把這些食物稱為「最大公因數」。如果你家有比較挑食的貓，最好以挑食貓的口味為主。找到「最大公因數」可以幫助你在放飯時節省很多腦力，不需要給每隻貓不同食物，造成有些貓自己的食物不吃、只吃別貓的食物，或者有些貓自己的食物被吃光了，別貓的食物又不喜歡，造成進食份量不足，影響健康。

2 確認貓咪肚子餓了才放飯

人類跟動物最大的不同，就是動物的本能是餓了才吃東西，但有些人類會為了維持正常作息而定時吃飯，這樣的人即使自己不餓也會吃飯，所以在餵貓時也常是看時間餵飯，很容易忽略動物本能，忘記先確認貓咪當下餓不餓，所以放飯時常被貓咪拒絕，或餵貓時發現挑食貓或小鳥胃的貓因為不餓不想吃，食物就被大胃王吃光光，等晚點肚

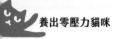

子餓又沒東西吃,非常麻煩。

如果想避免這樣的狀況,在表定放飯時間前一定要先確認家裡的貓都餓了才放飯。貓咪肚子餓時會有巡邏、覓食等行為,例如會去看看空碗、去廚房巡邏、坐在廚房門口等,這時,多貓之間也會有比較多互動或衝突,很多貓咪常會在這種時候打架。在多貓家庭中,你必須至少等大部分的貓都睡醒、並開始巡邏再放飯,效益會最好。

③ 製造多貓空腹時間,培養吃飯的儀式感

不知道你有沒有這樣的經驗?小時候放學回家肚子好餓想吃零食,這時正在做菜的媽媽可能會說:「現在不要吃零食,免得待會吃不下飯。」

貓很習慣睡醒後巡邏吃點小東西,因此在餵貓前,也要避免貓咪「吃零食」。最好的方式就是在表定放飯前至少2小時,把家裡的食物收乾淨,等貓醒來發現家裡沒食物,就會一起等你放飯,你就能順利製造多貓一起空腹的時間,培養吃飯的儀式感。等放飯時大家都餓了,就會一起期待吃飯、一起開飯,你也能一次餵飽所有貓咪。

④ 定時放飯,彈性調整份量

完成 1 ～ 3 步後,在放飯時,你只要提供一種食物就

可以。接著，你必須先維持貓咪時時刻刻都有東西吃，也就是像吃到飽的方式，食物吃完馬上就補，不過這個方法不只是讓貓吃到飽就好，因為最後，我們要把貓咪在 24 小時內吃掉的貓食總量記下來，你才會知道你的多貓家庭覺得可以吃飽的份量是多少。知道這個資訊很重要，第一是以後萬一有貓生病食慾不振，你才能第一時間發現，第二是可以根據貓咪吃得飽的份量彈性調整，就能幫助他們轉食／學習適應新食物，或幫助他們減重（請參考 4-6）！

　　如果只餵同一種食物，你可能會發現貓會互吃彼此的飯，這是很正常的現象。貓吃東西時，他們只挑自己喜歡、距離最近的食物，所以可能會選擇剛好路過、或距離剛剛休息的地點最近的食物，即使這碗飯是你設計要給其他貓吃的，他也不在意。

　　如果你打算一天餵貓兩次，那你可以把上述敘述的總量除以 2，再根據貓咪食慾比較好的時間微調比例，例如：如果你的貓晚上食量比較大，白天都在睡覺，那你可以把總量 7:3 分配。

　　分配好後，每次在第 2 步收碗時仔細觀察、並彈性調整份量，如果上一餐剩太多，代表下次放飯時，該餐的份量就要減少；如果距離表定放飯時間還有 4 小時就早早吃光了，那就代表下次該餐要增加份量，順利撐到表定放飯

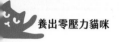

時間，貓咪才不會餓到太殘暴；如果表定時間快到了貓都還沒睡醒，代表可以彈性調整時間，稍微晚 1 個小時、等貓都慢慢醒了再放飯；如果距離表定時間還有 1 小時貓就餓瘋了，也可以彈性調整，提前 1 小時餵飯。不過請注意：彈性調整的時間最好不要超過原定時間正負 1 小時，如果超過，還是要調整餐點的份量去配合時間比較恰當，免得貓咪吃飯的作息越來越混亂。

Murmur 媽媽利用這個方法來統一三貓的作息之後，Minna 的濕食攝取量慢慢增加，腎指數很快就恢復正常，三貓的感情也慢慢變好，幾乎不吵架了。

如果你的貓也因飲食失衡打架，只要反覆應用這 4 個步驟，不只放飯時可以省下非常多心力，家裡也會一片祥和。但你可能會擔心，如果要讓大胃貓吃飽，根本像無底洞還越吃越胖怎麼辦？別擔心，我會在 4-6 跟你分享祕訣。

多貓家庭的砂盆公式

除了上述的飲食資源調整，還有一個貓咪最重要的資源就是砂盆！

在多貓不合的家庭裡，「亂尿」或「亂大便」幾乎是一定會發生的附帶問題。因此在改善過程中，一定要記得

調整砂盆。我覺得多貓亂便溺可以歸咎於三種原因：貓咪身體不舒服來不及用砂盆，貓咪不喜歡砂盆、不想用砂盆，或者多貓打架不敢用砂盆。

所以，下列這個多貓家庭的砂盆公式，只要照順序調整砂盆，幾乎 90% 以上的貓咪都能馬上停止亂尿、亂大便。

公式 1：先看醫生

還記得亂尿尿的小不點嗎？如果貓咪是身體不舒服來不及去用砂盆，只要看醫生檢查就能找到原因，提早接受適當治療就能一勞永逸解決問題。

公式 2：隔離會亂尿／亂大便的貓，先排除砂盆問題

把會亂尿／亂大便的貓咪隔離後，如果他還不使用砂盆，那就是他不喜歡你提供的砂盆，這時，建議你參考小不點的亂尿改善調整技巧，把砂盆改成無蓋、低底盤的砂盆，並換成無味的礦砂（記得不要使用礦型豆腐砂，因為貓還是認得豆腐砂的氣味），貓砂厚度也要調整到貓咪最喜歡的 3 ～ 5 公分深。等到貓咪單獨隔離，每天都會使用砂盆時，就代表你已經排除砂盆問題了，接著就可以把家中的每個砂盆都調整為一樣的條件。

公式 3：調整砂盆擺放位置和路線

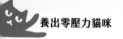

等隔離的貓咪會乖乖使用砂盆後，就可以讓多貓共處一室，繼續觀察。砂盆數量應該要是「貓數+1」，而且必須全部分散擺放，不能並排！如果家裡空間不夠，砂盆真的無法完全分散擺放，那至少要將砂盆擺在視線死角，只要貓咪在上廁所時不會看到另一隻貓也在上廁所，就可以有效避免壓力。

決定好砂盆的擺放位置後，需要製造多元路線，讓不合的貓咪可以在要去使用砂盆的時候避開彼此。如果這時貓還是偶爾會亂便溺，建議你在常發生的地點安裝攝影機釐清事發經過，進一步調整路線。通往砂盆的路線應該越多元越好，才能避免貓咪在想上廁所時發生衝突，改在砂盆以外的地方上廁所。

我先前提過，曾有行為學家發現，貓咪在排泄時有高達39種行為，所以並不是每隻貓在不滿意砂盆時都會亂尿、亂大便，很多貓咪即使不喜歡砂盆也會使用，但他們會覺得有壓力、甚至會憋尿憋屎，長久下來就會憋出疾病。因此，即使你家沒有會亂便溺的貓咪，我也鼓勵大家檢視家裡的砂盆，盡可能配合貓咪喜歡的公式擺放，也能有效降低貓咪日常的生活壓力。

 **動線調整**

　　還記得我在 2-2 分享過「貓咪有姓名貼紙」這個概念嗎？在多貓家庭中，如果希望貓咪和睦相處，必須確保每隻貓都盡可能有很多貼上自己姓名貼紙的資源，尤其是睡覺的位置。

　　大部分貓咪都喜歡垂直的高處，不管是 45 公分還是 180 公分，只要可以離地休息，就會很有安全感，而在通往這些休息地點的路線，如果可以不碰到自己討厭的貓咪，他們會更開心。因此，如果你的貓會打架，一定要增加這些可以留下姓名貼紙的資源：睡覺的紙箱、貓床、留味道的抓板等，並依照幾個大原則調整通往這些資源的動線。

　　如果你設計的垂直空間只有一條路可以上下，可能會造成家裡有死角。貓咪在使用資源時常常冤家路窄地碰到討厭的貓，就可能會為了避免打架放棄使用，或常打架爭相使用。因此，每一個資源最好都有兩條以上的路線可以上下，更理想的動線數量則是比照砂盆的標準數量辦理，也就是「貓數 +1」。只要讓正在使用的貓在看到討厭的貓時，可以從另一條路順利離開，家裡的衝突就會減少很多。

　　此外，貓咪是會根據季節改變習慣的動物，夏天喜歡休息的地點跟冬天可能截然不同，因此爸媽最好隨著貓咪習性改變，重新觀察多貓衝突，滾動式調整衝突熱點的動線。

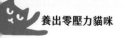

第四階段：正向見面練習

回到呆門和管管的案例。在前三個階段的隔離和調整後，管管媽咪很快就感受到雙貓作息越來越正常，管管玩遊戲時越來越有自信，食慾也很不錯，呆門每天都有適當的放電和感官刺激，跟以前關籠比起來也平穩很多，很少暴衝。這時，雙貓就準備好進入第四階段了！

1 刻意練習才會進步

這個階段如果沒有特別注意，可能會在執行重新隔離引介的時候忽略。但當你把貓咪徹底隔離後，兩邊的貓咪其實是完全獨立生活的，此時如果不刻意安排見面練習，貓咪長期分開生活會完全沒有交集，自然不可能有機會重新開始。很多爸媽來找我諮商時，貓咪都已經隔離好多年，但完全沒進展，就是忘了要刻意練習。

練習見面時，在場的每隻貓咪都應該要有自己的任務，而這個任務，必須由瞭解貓咪的爸媽來安排和指派。

在隔離前，管管只要看到呆門就哈氣或低吼，如果呆門想靠近，管管有時候會逃跑，有時候會揮拳；而呆門見到管管時，則會快速朝管管移動，想接近管管。因此，在第四階段的見面練習，我們分別替呆門和管管設計了適合

他們的「正向任務」：管管看到呆門不哈氣、不逃跑；呆門看到管管不靠近、不興奮。

　　每次練習時，媽媽都以雙貓分別的任務當作獎勵的指標，只要呆門看到管管後還乖乖坐著沒衝出去，就餵他吃一口肉泥；只要管管看到呆門沒哈氣很冷靜，也可以得到一口肉泥。

2　見面時間要循序漸進

　　一開始媽媽發現，呆門只能冷靜 5 分鐘，之後就會暴走無法控制，管管也會因為呆門開始暴走而恐懼哈氣，因此，他們每天的見面練習就設定為最多 5 分鐘。慢慢的，媽媽發現雙貓的表現都越來越好，就慢慢拉長見面時間，現在，呆門和管管只要隔著柵門，即使整天見面都不會有衝突。

　　等雙貓見面可以維持和平後，爸媽就可以開放貓咪共處一室，但持續練習指定任務。最後，你可以把指定任務的間隔時間拉長，讓貓咪在見面時開始有自己的空閒時間，如果他們依然可以放鬆不打架，那就代表他們準備好可以重新相處囉！

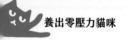

🐾 「我是不是該把貓送養？」

　　在多貓打架時，我最常遇到爸媽有這樣的疑問。我的調整準則是使用「反嫌惡療法」（LIMA），也就是說，所有非正向方法我都會先避免，包括送養。我會建議爸媽先嘗試正向調整和練習，不懲罰、不強迫、也盡可能不讓人貓覺得有壓力。在我的改善經驗中，絕大多數貓都有辦法在正向調整後找到生活平衡點，所以只要懂得先利用重新隔離引介的方式做正向練習，人貓都先放輕鬆，再慢慢重新開始，就能有機會順利讓貓咪重修舊好，只有在非常極端的狀況下，才會被迫考慮送養。

　　因此，如果你的貓正在打架，我想特別鄭重呼籲：如果承諾要給貓咪一個家，就請不要輕易放棄，試試看我的多貓休戰祕笈，為你心愛的寶貝好好奮鬥，一定有辦法找到平衡點。

動不動就咬人的
栗醬

我剛認識阿寧時，就已經深深感受到她的挫折。

阿寧原本只養一隻貓栗醬。剛領養栗醬時，她還是隻小貓。身為全職家庭主婦，阿寧每天都必須跟栗醬長時間相處，她很用心想照顧栗醬，可是栗醬一點都不領情，栗醬不撒嬌、也很少主動靠近她，甚至常常無故咬她！

阿寧在跟我敘述栗醬的問題行為時，傳來好幾張照片，她的手腳傷痕累累，還附上一段影片：栗醬就像李小龍一樣飛撲到她身上，狠狠啃咬她的腿！但阿寧在影片中一直

安靜地默默承受，她說她看過網路上的資料、也諮詢過其他行為專家，大家都建議：被貓咬要忍住不能大叫，也不能有其他反應，免得貓咪食髓知味！

　　阿寧說，她真的很努力忍耐，可是栗醬完全沒有收斂，反而越咬越起勁，她和栗醬的感情因為這件事越來越差。當時，阿寧還找了其他諮詢師想訓練栗醬多與人親近，但阿寧發現栗醬在練習時反應很冷淡，甚至會躲避練習，不練習時又會變本加厲地追咬阿寧。阿寧把練習影片傳給我，我可以看出影片中栗醬跟阿寧互動時，人貓都明顯非常挫折。阿寧很想知道她還能怎麼做。

貓為什麼會咬人？

　　如果你跟阿寧一樣養過小貓，可能會發現幾乎所有小貓都會咬人。有些爸媽會以為小貓長大後自然就不會咬人，或情況會緩解，但很多人等到貓都已經進入老年，還是常常被貓咬。有些人以為貓咬人就是要教，所以上網找到很多「訓練教學」：關籠、打貓、罵貓、噴水、壓貓舌頭、咬回去，最後發現這些方法不只沒用，還會讓貓學會在人不注意時偷襲，甚至咬得更兇，或者，貓會變得害怕或討厭爸媽，越來越無法親近人類。

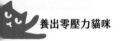

其實貓會咬人是有原因的！只要注意一件事就能有效預防。

貓咪在成長過程中，通常會在 3 ～ 4 週左右開始離乳，7 ～ 9 週完全離乳，不過貓咪跟人類一樣，有些小孩雖然會吃副食品，還是需要在睡前喝奶，或靠吸奶嘴得到安全感，幼貓也是。出生不到 3 週就離開媽媽和群體的幼貓，通常會出現明顯的壓力反應，但 10 ～ 12 週才離開群體的幼貓，行為則會相對穩定很多。可是，很多浪貓從小就失去媽媽，或在救援期間被迫提早離乳；有些貓舍在照護幼貓時也會提早離乳方便販售，這些狀況都可能導致貓咪衍生行為問題。

行為學發現離乳不完全的貓咪，長大後非常容易異食或咬人，而在這些貓之中，又以沒有跟同伴一起長大的單貓，咬人情況最為嚴重。而且，一旦貓出現愛咬人的行為，人類就很難用訓練或管教的方式幫助他們改掉習慣。

此外，在群體中長大的小貓，通常會跟兄弟姐妹、媽媽或其他成貓互相追趕跑跳，這樣的模擬狩獵行為就是社會化，大概會持續到 12 週左右，幼貓會在這時學習不咬人。如果少了這段過程，小貓不僅會咬人，長大後也比較容易害怕或攻擊同類，並出現多貓打架、多貓相處的問題，很難跟其他貓咪和平共處。此外，如果小貓太早離開群體，

也會衍伸出其他貓行為問題，包括容易害怕新事物、分離焦慮、過動、強迫症以及攻擊行為等。

如果想預防貓咪愛咬人，最好的方式就是一開始就一次養 2 隻以上的貓，兩隻小貓一起養、小貓和媽媽一起養，或小貓和其他社會化完全的成貓一起養，甚至可以選擇 9 週後才離乳的幼貓更好。只要讓貓咪擁有完整的童年，並跟同儕、兄弟姐妹或其他成貓有健康足夠的互動，就能預防貓咪愛咬人。

栗醬正是單獨長大、沒有社會化的貓。而沒有社會化的貓咪，終其一生都會習慣用咬人的方式，向人類表達各種情緒。

🐾 壞蛋的絕望反撲™（Extinction Burst）

你可能會想問：那阿寧原本得到的資訊是對的嗎？如果在貓咬人時忍住不要有反應，真的有用嗎？

行為學家幫你研究過了！如果貓咪常常追撲咬人，通常是在人貓互動過程中有某些挫折想要表達。如果你忽視貓，這個行為會升級！行為學家把這樣的升級反應稱為「削弱爆發（Extinction Burst）」，用我的貼心翻譯來解釋，其實就是「壞蛋的絕望反撲™」。

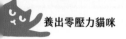

　　貓透過咬人「與人溝通」時，如果發現沒有得到回應，會慢慢增加強度，直到爸媽無法忍受舉手投降。隨後，貓會把他得逞的強度存檔，下次當你再漠視他，他會記得堅持到那個過程，就像一個小孩發現在百貨公司躺著哭鬧才能買到玩具，以後每次想買玩具，他就會僵持到躺著哭鬧為止。相反的，如果你可以持續忍耐，熬過貓咪所有「壞蛋的絕望反撲™」，一次、兩次、三次後，這些行為就會慢慢消失。所以，如果你希望貓咪永遠不咬人，堅持到底是有用的！

　　看到這裡你應該已經懂了吧？栗醬會變本加厲咬阿寧，正是「壞蛋的絕望反撲™」！只是貓的指甲尖、牙齒利，又是數一數二的兇猛獵人，在這麼猛烈的攻擊下，根本沒有人可以一直忍受且沒有反應，阿寧也不例外。雖然大部分被栗醬咬時阿寧都有忍住，但回想起來，確實有幾次被突襲時嚇到彈起來，或不小心有反應，也難怪她一直沒辦法完全改正栗醬的壞習慣。

🐾 改善貓咪咬人更有效的方法

　　如果你跟阿寧一樣，千萬不要絕望。面對栗醬這樣的貓，阿寧雖然無法忍痛讓她永遠不再咬人，但只要透過幾個方法，還是可以大幅降低栗醬咬人的頻率和強度：

1 培養觀察力

如果你常在抱貓或摸貓時被咬，你得更注意貓咪的肢體語言，貓是很注重隱私和主權的動物，在跟貓互動時，如果希望維持良好的人貓關係，最好尊重他們的空間和意願。貓咪撒嬌時可能只想被摸特定幾個部位，這些部位通常是：頭部、臉部、頸部；貓討厭被摸的部位則常是：屁股、手腳、肚子，而且貓喜歡短時間、高質感的互動，如果你摸錯地方或摸太久，他可能會先不耐煩地甩尾巴或壓耳朵，如果你還不停手，他就會咬人警告。

2 轉移攻擊

假如貓把你的手當獵物攻擊或抱著踢咬，你可以隨身攜帶玩具、小抱枕或貓草踢踢包，在被咬時馬上把手抽回，改用玩具跟他互動，或塞抱枕、踢踢包到他懷裡，讓他轉移攻擊物品。每次被咬都這樣練習，漸漸地，貓咪就能學會捕捉「正確的獵物」。平時，爸媽也要每天跟貓玩互動遊戲、模擬狩獵，貓是獵人，每天都需要適當發揮精力，才不會因為過度無聊，把爸媽的手腳當獵物。

3 增進感情

在互動遊戲、模擬狩獵的過程當中，盡量保持人貓都開心，貓會感受到你的用心陪伴，你也能好好享受貓咪可

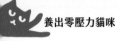
愛狩獵的樣子，人貓感情增進後，如果貓咪真的想用咬人的方式表達負面情緒，強度也會降低許多，他們也會捨不得用力咬自己喜歡的爸媽呀！

4 探究原因

如果想根除貓咪咬人的習慣，最重要的還是要探究他們咬人的原因。你可以檢視人貓互動、生活環境和飲食等條件，是否有貓咪不滿意的地方。只要找到原因後好好調整，即使是社會化不足的貓咪，也會停止無故咬人。

我在深入瞭解阿寧和栗醬的生活後發現，栗醬曾在一次健檢時被醫生下令過胖、必須減重，於是阿寧就很認真幫她節食，造成栗醬每天肚子都好餓，此外，栗醬也常跟阿寧討食被拒絕，越餓就越容易生氣，在我提點後，阿寧才注意到原來栗醬這麼不開心，於是我們決定改用比較溫和的方式替栗醬減重（下個章節就會跟你分享這些方法）。5 個月後，雖然栗醬還沒達到標準體重，但她跟媽媽的感情大進化，不只再也不撲咬阿寧，還會主動撒嬌。平時，即使阿寧摸摸、吸貓，都不再被咬。後來，阿寧常常傳她跟栗醬靠很近自拍的照片給我，人貓看起來都好開心。

茶茶的
減肥大作戰

從業以來，無論是調整貓咪挑食、咬人、過度舔毛或多貓不合，我發現有一種貓特別容易有問題行為，那就是胖貓！並不是貓咪胖了才發生問題，而是爸媽處心積慮想幫貓減肥而衍生問題，因為這些爸媽都是用節食的方式幫貓減肥。

🐾 節食減肥的效果

　　如果你跟我一樣是 7 年級女生，一定經歷過 90 年代盛行的節食減肥風氣，即使自己不曾節食，身邊也一定有人

在節食。其實不只臺灣，當時全球都盛行靠節食保持身材，這樣的風氣一直流行到近 10 年，才有越來越多人注意到節食對身心靈產生的負面影響：節食會造成肌肉流失，養成體脂超高、體重超低的「泡芙人」；節食會引發營養失衡、血清素不足導致憂鬱症。於是，流行服裝界開始有人反對品牌雇用過瘦不健康的模特兒，社群媒體開始有大尺碼模特兒宣導身體正形象意識（No Body Shame），人們開始注重身心靈平衡，宣導不量體重，追求適當的體脂肪和肌肉量，注意內臟脂肪；女生也開始愛上重量訓練，吃原型食物、健康減重，而非一味節食。

因此，在談幫貓減肥之前，我想先請你想一想：我們是不是還在用 90 年代的標準看待貓的體重？我們是不是還在用節食的方式幫貓減重？如果貓也有情緒，如果你也在乎貓咪的身心靈平衡，社會是不是應該導正這個傳統的減肥觀念？

當然，每個人價值觀不同，也不是每個人都很在意自己的體重，像茶茶的媽咪 Elisa 就不是會節食減重的女生，但當茶茶被醫生提醒過重時，除了節食，Elisa 也不知道還有什麼方法可以幫茶茶減重。

茶茶是 Elisa 人生中的第一隻貓，他對食物不是非常愛恨分明，不像有些貓，只要有一點不喜歡爸媽給的食物就

會甩頭離開、完全拒吃。Elisa 剛領養茶茶時餵的是乾飼料，茶茶非常喜歡，所以吃得胖胖的。但是 Elisa 發現茶茶很容易拉肚子，所以決定轉餵鮮食。當時，茶茶對媽咪的決定其實不是很開心，但還是勉強接受，就像我說的，他還是會吃完，只是會碎念，所以 Elisa 也不覺得有什麼問題。

但 Elisa 慢慢的發現，茶茶跟栗醬一樣，動不動就想咬人，而且整天亂叫，脾氣非常暴躁，於是她決定來找我諮詢改善。此時，Elisa 依然沒忘記醫生交代的：要「注意」茶茶的體重。

在諮商評估時，我很老實的告訴 Elisa，茶茶看起來快餓瘋了，她需要先讓茶茶吃飽，才有機會解決咬人、亂叫等問題，茶茶也才有機會減重。結果，Elisa 問了一個歷年來家長們最常問的問題：「讓貓吃飽不是會變胖嗎？要怎麼減重？」

🐾 減重第一步：建立安全感

我第一次意識到節食會對心理和生理產生巨大衝擊，是在親身體驗「餓瘋」的感覺之後。這個經驗在我成為行為諮商師、幫貓咪減重時，幫助我從截然不同的角度看待減重這件事，也讓我更懂得如何帶爸媽感同身受。

　　2006 年，臺灣剛開始流行打工旅遊，我是個大一新鮮人，對出國體驗人生也躍躍欲試。升大二的暑假，我帶著有限的積蓄到美國紐澤西去打工。因為經濟拮据，為了控制預算，我突發奇想每週買一包家庭號洋芋片和一瓶家庭號檸檬紅茶，平分成五份當作每天的早餐（現在想想真是不健康！）。晚餐則是一大包家庭號雞翅，每天吃一點，中午因為工作必須外食，我就吃一條巧克力棒配白開水。在領薪日才會買一片披薩犒賞自己。這樣的飲食剛好符合預算，可以讓我安然度過 3 個月的打工暑假。

　　想當然，我每天都非常飢餓。我是個從小就不挑食、甚至熱愛食物的孩子，所以每天都很想念臺灣的美食，我甚至曾經夢見自己在喝最愛的珍珠奶茶，還不小心嗆到，嗆醒時，嘴裡居然真的有珍珠奶茶的味道！但即使如此，我還是非常「自制」地過完 3 個月。

　　暑假結束後，我回到學校繼續唸書，當時學校附近有一間很佛心的自助餐店，只要告訴老闆娘「飯多」，她就會把白飯添得尖尖的。那陣子只要有課，我每天中午都會光顧自助餐店要「飯多」，把自己的肚子塞好塞滿，飽到站不直、感覺食物滿到喉頭那麼飽！下午，我會再吃一塊最愛的炸雞排，配一杯全糖珍珠奶茶，那就是我在美國整天心心念念的食物，我每天都覺得自己是最幸福的人！只

不過這個幸福是有代價的，那一年，我胖了至少 10 公斤。

所以當 Elisa 問我：「讓貓吃飽不會變胖嗎？」我很誠實告訴她：「會！但如果想成功減重，這是必經的過程。」

進食是生物最原始的需求，如果貓咪長期吃不飽，他們對食物的熱忱就會因為過度飢餓被放大，就像我連作夢都夢到珍珠奶茶那樣。過度飢餓的貓最容易出現情緒和行為異常：吵鬧亂叫、暴衝、搶食、過度討食、偷吃東西、甚至異食。

經過這幾年的行為改善研究，我發現貓常因過度節食、長期吃不飽產生許多壓力反應。貓的天性是肚子餓了就打獵覓食，可是被圈養的貓無法打獵、也找不到食物，如果負責餵養的爸媽又拒絕提供食物，就會造成他們長期焦慮、抑鬱。

如果貓咪對生存感到焦慮，只要一有食物，就會過量飲食，避免身體再次遭遇無法預期的飢荒，所以在多貓家庭中，這樣的貓咪會先搶其他貓咪的食物，再吃自己的，而且吃飯速度會非常快，常常都是當餐就吃完，爸媽放多少都吃光光，也常會吃太快馬上吐出來。而且，因為無法預期下次吃飽是何時，這類的貓咪也會降低活動，避免消耗能量。久而久之，你會發現貓咪平時變得無精打采、整天睡覺，對食物以外的事物都興趣缺缺，別說是遊戲、運

動，連跟爸媽之間的互動都會特別有目的：因為他時時刻刻都只想求你給他吃東西！

除此之外，在我諮商改善的上百個家庭中，我也發現長期節食減肥的貓會有許多腸胃方面的症狀，胖貓經常因為過度飢餓，只要看到食物就暴飲暴食，很容易吃到一半嘔吐；或是腸胃來不及吸收一口氣攝取的大量食物造成莫名軟便，不是食物過敏、看醫生也查不到原因。這些貓咪也常有慢性腸胃炎，罹患胰臟炎、糖尿病的風險也變得更高。

在多貓家庭中如果有正在節食的胖貓，也很容易引起貓咪打架。胖貓吃不飽時不止渴望狩獵覓食，更有許多與爸媽互動的挫折無處宣洩，如果家裡出現珍貴的食物，卻得承受群體競爭、資源瓜分的壓力，胖貓往往會被激起戰鬥魂！就像《六人行》裡的愛吃喬伊（Joey）那樣，會忍不住對喜歡的人暴力大吼：「Joey doesn't share food!（誰都不准吃喬伊的東西）」

大部分爸媽在幫貓咪節食時都會發現這些問題，8成的爸媽會意志動搖、甚至放棄，恢復原本的餵食習慣。這時，因為胖貓經歷過之前可怕的「飢餓30生活」，他們會把握機會大吃大喝，身體也會快速儲存脂肪，造成類似人類節食減重時常出現的「溜溜球效應」，急速復胖。

隨著每次節食又放棄堅持，貓就會越吃越胖！剩下 2 成的爸媽會毅力十足、堅持到底，成功幫貓塑身，卻也會發現胖貓個性開始改變，雖然體型標準，卻一點都不像原本的他，很久不呼嚕、與人疏離，人貓關係變差，爸媽可能會自責，急忙找行為專家諮詢，想找回原本開心的貓咪。

所以，如果你也想幫貓咪減重，千萬別忘記胖貓最在意的事就是食物。在計畫幫胖貓減重時，一定要先為貓建立安全感，掌握最根本的關鍵：先把貓餵飽！你要讓他了解，從今以後他再也不用擔心肚子餓會沒東西吃，他再也不用像還是大學生的我一樣，每天都去自助餐叫「飯多」飽到想吐。你不用擔心貓咪會把自己撐死，在野外，貓的本能是維持身材，才能成功獵捕食物，因此他們的天性是節制飲食、少量多餐，只要食物充足，你會發現貓每 3 ～ 4 小時就會吃幾口，而且不過量。

不過，我並不是要你放一大堆乾飼料，讓貓任食吃到飽喔！因為我們的目標是減重，所以我教了 Elisa 一個溫和減重的公式，幫助她建立茶茶對食物的安全感。

減重第二步：測試貓咪的食量

你可以找 2 個放假日待在家裡，先給貓咪目前喜歡的食物：如果他最愛乾乾就先放乾乾，如果他吃主食罐，也

可以放主食罐。放飯時，先用食物磅秤測量放了多少食物，記錄下來。第一天請先仔細觀察，只要看到食物快吃完了就再放新的，一樣要記錄份量。24 小時後，把你整天放的食物總量記下來，那就是你的貓目前覺得吃得飽的份量。

第二天，請你先決定以後一天要餵幾餐，假設是兩餐，那就把第一天計算出來的總量除以 2，然後用跟昨天一樣的方式提供給貓咪，但仔細觀察食物何時會被吃完。如果表定放下一餐的時間已經到了，收碗時還剩很多沒吃完，就秤秤看剩多少，隔天的那一餐份量就彈性減量；如果還沒到表定放飯時間，貓就已經吃光光而且覺得餓，那下次放飯時就要彈性增量，再測試看看放多少才夠。

記得，餵貓的時間必須固定，但份量要視情況彈性調整。接下來 1 ～ 2 週內，你會發現貓咪從剛開始看到食物很驚喜，一口氣吃超多，變成每 3 ～ 4 小時才去優雅地吃幾口，把你給的份量慢慢吃完。漸漸地，他的食量也會慢慢變小，剩飯可能會變多，這時再彈性調整份量就可以了。

不過一開始，能讓胖貓覺得飽的份量可能會很驚人，體重也可能會急速上升，別害怕！記得我的故事嗎？我在那一年胖了十幾公斤，但後來當我不再過度飢餓後，食量就慢慢減少了，加上溫和的減重方式，我的體重也完全恢復，你的貓也辦得到！

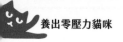

🐾 減重第三步：增加濕食

等你用前述的方法順利讓貓咪吃飽後，可以少量減少乾飼料，並增加濕食，副食罐、主食罐、鮮食、生食，只要貓咪喜歡都可以。如果你的貓只吃乾乾不吃濕食，建議先從副食罐開始嘗試，你可以參考 2-1 分享「挑食退散」的方法。

🐾 減重第四步：減少乾飼料，漸進式增加濕食

第三步的方法穩定執行 1～2 個月後，你的貓對食物應該會很有安全感，不再暴飲暴食了。接著可以慢慢減少乾飼料，增加濕食，例如：先從 5g 乾飼料開始，每 1～2 個月漸進式減少，同時增加 10～20g 濕食。記得，減少乾飼料後一定要增加濕食，才不會一次減少太多熱量，讓貓咪又開始過度飢餓。通常等重的濕食會比乾飼料少 3～4 倍的熱量，但貓咪的飽足感會差不多，用這樣的方式就可以溫和漸進地減少攝取的熱量，同時避免貓咪過度飢餓又突然復胖。

減重第五步：增加活動量

等貓咪吃飽開心後，會明顯變得比較活躍，此時可以每天增加互動，陪貓咪模擬狩獵，或開始把食物分散擺到桌子上、櫃子上、家裡不同樓層，讓貓咪需要稍微走動才能吃得到，就能增加日常消耗的熱量，達到增肌減脂的效果。

Elisa 經歷半年努力，順利幫愛吃乾乾的茶茶轉為全濕食，他的體重也很自然從 6.7 公斤降到 6.4 公斤，而且完全沒有餓肚子！

不過，如果你的貓從小就因為吃太多高碳水化合物的乾飼料而發胖，脂肪細胞已經長成了，長大就算努力減重，成績可能都無法比得上從小就吃純蛋白質全濕食的苗條貓咪，所以記得，每隻貓咪的體質和狀況都不同，減重時不要嚴格追求數字，還是要讓貓咪保持身心平衡才是最健康的狀態喔！

4-7

陪你到最後，我的娜娜

2018 年 9 月 10 日，對我來說是個別具意義的日子。那是貼心毛寶的其中一個小老師——娜娜離開的日子。每當我在跟貼心爸媽聊到生命終點這個人生的終極課題時，我都會分享娜娜的故事。娜娜是我考取零恐懼醫療訓練證照的原因之一，她也是我第一個做零恐懼安寧照護的案例，她是貼心毛寶幾乎所有零恐懼系列課程的設計原型。

在談到生死時我常說：貓的生死不是行為學、不是科學，它是哲學。娜娜不只能讓我所諮商過的爸媽學到零恐懼訓練技巧，她也讓我們對生死有更多啟發。從娜娜進入老年一直到臨終的這個階段，是我人生中養貓最辛苦的一

段日子。在本書的最後一個章節，我想公開我當時在臉書寫的日記，跟你分享從未曝光過的心路歷程。希望有一天，當你也遇到這個逃不掉的課題時，可以帶著我和娜娜給你的一點力量，找到一點平靜，有更多勇氣度過這個人生的重大關卡。

　　娜娜原本是我表姐的貓，表姐婚後因為家庭因素無法照顧，我和先生便自告奮勇接手認養。我和先生正式領養娜娜時，她已經 12 歲。娜娜是一隻體型不小的金吉拉，5公斤。當時，她不喜歡人類、非常挑食、討厭吃飯，而且痛恨看醫生。每次帶娜娜去看醫生，她都一定會在完成治療後復仇，一一抓咬每個醫生和醫助，跑太慢的人幾乎都會掛彩。當時雖然醫生對我們都很和善，但我發現每次打電話去診所預約時，大部分醫助和醫生都能馬上想起娜娜是誰，所以我心知肚明：她一定是眾多醫院的黑名單！不

娜娜回診～誠如各位所見，我回家死定惹～（抖）。

只如此，娜娜在家對我們也不是很友善，她不喜歡被人觸碰，更別說是照護，因此，我和先生幾乎是從 -100 分開始跟她培養感情。

不過幸好，娜娜是活到老學到老的貓咪典範，在我們調整環境、刻意練習後，她就開始愛上摸摸、喜歡遊戲、自己吃飯，我也把自己設計的零恐懼醫療訓練技巧™應用在她身上，漸漸地，她去醫院也不再傷害醫生了。這些全都是她老年到我們家後才學會的技能和改變。

2016 那年，娜娜得了慢性腎臟疾病，需要打皮下補充水分，所以我為她設計了零恐懼皮下訓練™，她適應得很好，不只可以接受讓我和先生打針，連保母照顧時她也大多很配合，所以她的腎指數一直維持得很好，病況很穩定。

但到了 2017 年底，她開始出現不明原因的癲癇症狀，用幾種藥物都無法有效控制。直到 2018 年，為了釐清病因和治療方向，醫生建議我們做斷層掃描。

趁老太太翻肚睡覺把晚上的輸液打完，我還用左手入針，她毫無動靜～

DATE

2018 年 4 月 30 日

　　這幾天的高劑量藥物還是無法控制娜娜的癲癇，幸好我們出國回來了，最終還是決定趁她狀態不差之前去掃CT，才能更清楚知道如何幫助她好好走完這條路。

　　娜娜是我見過自我意識最強的貓，即使到現在，她都還是每天認真吃飯，每天堅持拖著腳步、越過客廳，到她喜歡的砂盆上廁所。所以我覺得某種程度上，做 CT 算是對她最後的尊重，替她保有最後的尊嚴吧。

　　該提前放手，或陪她走到最後一刻，在 CT 照完後就能更肯定方向，我們也不用再瞎子摸象、盲測藥物了。

　　今天的我不想說加油，我只想說有我們在，你放心休息吧，親愛的娜 🖤

　　沒想到，在那次麻醉做完斷層掃描後，娜娜就下半身癱軟無力，漸漸癱瘓無法行走。斷層掃描的檢查報告出來時，我也學到一個寶貴的小動物醫療經驗：有時候，檢查不等於會找到正確解答。

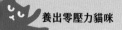

DATE

2018 年 5 月 21 日

　　娜娜的 CT 報告出來了，有個可疑的腫瘤在耳蝸後方，看不清楚，也不確定是否跟癲癇有關，臺大建議再做 MRI，但她的身體無法再承受長時間麻醉，我們決定嘗試搭配二線藥物和類固醇，好好幫她開心舒服地過完最後的日子。

　　重點不是你能活多久，重點是你能感受多少愛。

　　當時，為了讓她維持自主權和生活品質，我們決定轉作安寧照護治療，並且替她訂製輪椅。我還記得輪椅送到那一天，娜娜一坐上去就活動自如，認真的樣子連輪椅師傅都覺得印象深刻，從此，我們就戲稱她為「鋼鐵娜」。

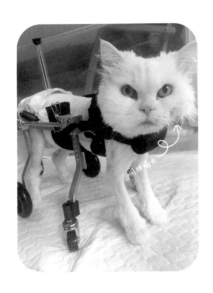

DATE

2018 年 7 月 4 日

　　鋼鐵娜今天收到一個驚喜，她現在終於可以想去哪就去哪了～（雖然大部分時間她想去的地方是睡覺的紙箱）試輪椅時，邱比就躲在後面的帳篷偷看，還一度跑過來聞姐姐～（姐姐怎麼變無敵鐵金剛惹）

　　幫忙製作輪椅的曾大哥說，他從沒看過喜歡輪椅的貓，娜是第一例，而且他也沒看過這麼溫馴、長相卻那麼兇的貓，我跟老喬爆笑好久！今天為了給她最舒適的活動空間，我們必須配合她的身形調整輪椅，所以她來回試走了好多次，走到後來決定直接罷工回房睡覺，真的很辛苦。希望娜在未來養老的日子裡，還有一絲絲自由的快樂。

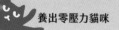

DATE

2018 年 7 月 5 日

久違的散步。

在確認娜娜永遠不會再有機會站起來時，我的內心很掙扎，因為我知道她有多堅持獨立自主。第一次帶著癱瘓的她到以前熱愛散步的頂樓野餐，她用眼神裡的光告訴我，她還沒準備要離開。從那天開始，我就一直告訴自己，我是行為諮商師，一定還有什麼是我能做的。

今天是收到輪椅後的第一次散步，老天很賞臉，賜給我們涼涼的夏天，小鳥也賞臉，在娜耳邊嘶聲吶喊（怕她重聽沒發現？）

站在地上邁開步伐時，娜抬頭看了我一眼，我就知道我做對了，心裡響起輪椅師傅昨天說的話：「她那些細微的表情和情緒，只有你才看得懂。」

　　從此，我們展開長期的安寧照護：疼痛管理、控制腎指數、癲癇，改變環境、適應癱瘓。但娜娜開始漏尿，同樣找不到原因、無法醫治，於是我做了各種嘗試，最後找到她覺得舒適的新生兒尿布，也調整出我們能夠維持清潔、避免皮膚灼傷的清潔方法。到這個階段，她每天至少要服藥 6 次，每 2 個小時要換一次尿布並清潔身體，我要幫她擠尿排空、避免膀胱感染，每週會替她把毛剃短（別忘了她是長毛貓）。同時，我們還得維持她的活動力避免褥瘡。

　　2018 年中，我們已經需要混合 4 種不同的癲癇藥物才能有效控制每次癲癇的強度。身為一個長期推廣「零恐懼醫療訓練™」的行為諮商師，在面對這麼多醫療照護同時進行的時候，我最常提醒自己的是要盡力給她滿滿的愛，維持她的身心靈平衡。因此，每一種照護我都盡力設計「零壓力」，只要娜娜有 FAS 反應我就會調整。

　　在最後安寧的那段時光，娜娜雖然無法行走，我們全家的感情卻前所未有的緊密！雖然在有藥物治療的情況下，娜娜的癲癇還是一次比一次猛烈，但是她對我們的呼喚和陪伴，每次都會有強烈的情感回應，在做醫療照護時她也不是閃躲，而是享受。

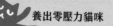

DATE
2018 年 6 月 20 日

現在換尿布時都是宇宙超級無敵可愛的寶寶模式，還可以一邊聊天。

我和老喬不約而同表示：沒想到我們人生第一次的換尿布經驗都是獻給娜娜。

她，我們可以。

DATE
2018 年 8 月 3 日

娜娜補藥日。

出門前，我摸摸她說：「乖乖的，我馬上回來哦！」她看著我，開始呼嚕。

寵物安樂死唾手可得，但只有透過有效的評估，才能為寵主找到完整的終點。我知道我們還沒到那裡，所以即使生理疲累，即使生活不便，我們也會為她繼續用愛撐下去。

DATE
2018 年 8 月 12 日

我臭臉，我全家都臭臉。

臭臉午睡組

　　2018 年 8 月底，娜娜的癱瘓和癲癇經歷了好幾個月的檢查和治療，仍舊找不到原因也無法改善，她開始連大便都沒有知覺，我和先生天天 24 小時輪班，幫她擠尿、挖便、清潔，同時還要工作。這時無論是人貓，都已經完全沒有生活品質可言。同時，娜娜開始越來越少有正向的情緒反應，她的肌肉嚴重萎縮，常常覺得挫折和生氣，我和醫生都明顯看得出來，她的身體是因為有藥物支撐才在運作。

　　我們決定重新做一次生活品質量表，最後得到超低的分數。我知道是時候放手了，於是召開家庭會議並跟醫生討論後續，我們開始做準備：排開工作、預約醫院、預約葬儀社、布置她要長眠的小窩、安排表姐和家人一一來跟她道別，同時盡可能維持兩個弟弟的作息，不讓他們覺得有變動。從那天開始，我跟先生每天都增加陪伴，我常常對她細數我們的美好回憶，跟她承諾會好好照顧自己，但其實，我知道我只是在為自己要面對的告別做準備。

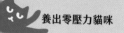

DATE
2018 年 8 月 30 日

　　腳已經拖不動了，手連撐起來吃飯都吃力，大便已經沒有感覺，癲癇越來越猛烈，但她還是一直一直堅持要吃飯、要摸摸，要當鋼鐵娜。

　　生活品質量表已經超過低評了，我今天開始跟她曉以大義：要放下啊，這樣撐著是為了什麼？身體明明很不舒服，明明一直那麼辛苦，該放下了，不要捨不得，我們都會好好的，有一天一定會再見面，不要擔心，不要執著，該前往下一站了，好好考慮，我們好好聊，聊什麼都行，幫你準備好，每個人終究都必須去那裡，別怕，該啟程了～

　　2018 年 9 月 9 日晚上，我們全家兩人三貓擠在床上，向彼此表達愛和感恩。9 月 10 日，我煎了娜娜最愛的鯖魚，就像平日的零恐懼回診一樣，我讓她在診療臺上呼嚕嚕大口吃鯖魚，然後抱著她的臉，告訴她我有多愛她，讓她在呼嚕中吐出最後一口氣。當天，我們完成所有火化程序，帶她回家長眠在已經布置好的小窩裡。

DATE
2018 年 9 月 10 日

　　我最親愛的鋼鐵娜，在今天 9 月 10 日早上 11 點 55 分呼嚕著結束任務了。

　　19 年來，她看著我從女孩變女人，陪我成家、立業，包容我的任性、接納我的配偶。她貼心，知道我凡事龜毛需要時間準備，知道喬天生心腸軟需要時間適應，所以她死命撐著，把主權交給我們。我們是最會搞笑的小姨和尤摳舊，也是好愛好愛她的媽媽和爸爸。我們很幸運，有好多時間能把想對她說的話說完，有好多機會能帶她把想做的事做完，也能順利為她安排最圓滿的結局，讓她在閉眼前擁有最美好的記憶。

　　謝謝所有曾經關心、幫助我們的家人和朋友，謝謝在我崩潰失能時寸步不離支持我的丈夫，謝謝在我徬徨失措時給我依靠建議的李醫師。有人說，寵物的壽命比人短，是因為他們早就會愛人，所以才帶著使命來教人去愛。娜在生病癱瘓的這一年裡用盡了全力，把對生的勇氣、對死

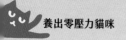

的無懼全都交給我們，讓我們有能力繼續面對世界。娜的鋼鐵精神從她離開臭皮囊的那一刻起就已經在我心裡生根，我知道這不是終點，而是起點。

我最親愛的娜娜，你是象山幫永遠的臭臉姐姐，小姨永遠愛你，這些日子你真的辛苦了，好好享受你應得的自由吧！

是的，我們最後選擇為娜娜安樂死。這是一個在臺灣或某些宗教信仰中倍受爭議的決定，即使我的理性告訴我這是正確的決定，我的心裡卻一點都不好受。我很害怕她覺得我放棄她，也害怕別人批評我不夠努力、不夠愛她。但是，在零恐懼醫療訓練的進修過程中，隨著我接觸越來越多評測貓咪身心平衡的標準，在我漸漸意識到維持貓的生活品質跟延續生命一樣重要後，我就很難不去重視最容易被我們忽略的環節。

當寶貝走到生命的末期，身為爸媽，我們一定很不捨，但正因為貓不會說話，他的疼痛、醫療、照護和心情，反而更需要我們幫忙把關。因此，生活品質評估非常重要。在娜娜臨終前的那段日子，我們每週都會重新評估她的生活品質，娜娜過世後，這套方法也幫助許多爸媽在兩難時做決定，在這裡，我想把這份我做的貼心評量編譯後，跟你分享。

「我應該放手，還是繼續治療？」

　　如果你正在經歷無法抉擇的人生關卡，心裡一定會猶豫：「我應該放手，還是繼續治療？」這時，你可以針對 7 個指標評估寶貝現在的生活品質，幫你做出最適合的決定。下頁評估量表的 7 個指標，都可以針對現狀以 0 到 10 分評分，分數越低，狀況越糟，分數越高，狀況就越好。每個養貓家庭都可以收藏起來，在遇到急難病痛時作為評估參考。

　　不過，儘管有這個評測量表，如果你跟我一樣是在有道德束縛或宗教信仰的環境中成長的孩子，可能還是會擺脫不了自責感。請別害怕，我也跟你一樣，但我知道你盡力了，貓也知道，只要是經歷過的人都知道，因此，你也要努力告訴自己，你真的盡力了。

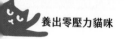
貓咪生活品質評估量表

指標	評估內容	分數 0～10分
疼痛	貓有接受疼痛管理嗎？他會呼吸困難嗎？他需要氧氣嗎？	
食量	貓的進食份量足夠嗎？需要用手餵嗎？需要裝餵食管嗎？	
水分	貓是否脫水？打皮下有幫助嗎？他的接受度高嗎？	
整潔	貓是否能在上廁所後保持清潔？有沒有褥瘡？	
心情	貓開心嗎？他對家人、玩具、事物感興趣嗎？他會憂鬱、寂寞、無聊、焦慮、害怕嗎？	
活動力	貓可以自行活動嗎？需不需要家人或輪椅協助？他有癲癇嗎？會跌倒嗎？	
整體評估	貓的狀況好嗎？壞日子比好日子多嗎？不好的日子越多，分數越低。	
總分	35 分以上：貓的生活品質還算可以，可繼續跟醫師合作安寧治療，兼顧貓咪身心靈狀態與生活品質。 35 分以下：貓的生活品質不佳，如果人貓之間無法維持平衡健康的關係，建議與醫生充分討論並考慮安樂死，讓寶貝不再受苦，安詳離開。	

※ 評量編譯出處：Published in the May 2008 issue of Clinician's Brief (Decision-Making Issues with Euthanasia, p 23)。本評估表也可至「貼心毛寶」官網（petbuddytraining.com）或掃描 QR CODE 下載。

DATE
2018 年 9 月 13 日

　諮商時，毛媽問我好不好，我差點爆淚。娜走後，我只給自己 1 天的時間休息，就繼續諮商，我不是想逼自己好起來，只是希望盡早讓更多貓受惠。

　在娜離開前的最後的 1 個月裡，她是完全癱瘓的，我知道我拍了很多可愛的影片，但其實她是不能動的，每 2 個小時要靠我擠尿、清潔身上的漏尿、翻身、扶她起來吃飯，每天早上要推腸排便，她唯一能動的雙手，連自己的身體都無法支撐，想洗臉會失衡跌倒，一天要吃藥 6 次，每 3 天會有一次嚴重的癲癇，需要我們保護她、抓著她，她才不會咬傷自己，每 3 週膀胱會感染、血尿。但是她的腦子是清醒的，她的心臟、腎臟是強壯的，所以如果要讓她自然死亡，我們可能要等上好幾年。因此為了讓她早點解脫，我們選擇安樂死。

　以前的娜非常討厭看醫生，從進診間到出診間、回家為止，她絕對都在大發飆，後來我開始幫她做零恐懼醫療訓練，她才能在生重病的這一年好好接受醫療，甚至喜歡在獸醫院散步。安樂當天，我一樣做了零恐懼，從早上睜開眼的第 1 秒開始，我不只讓她沒有恐懼，還一直努力讓

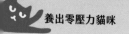

她覺得很快樂，直到醫生下第二劑安樂針，她看著我的眼睛時，呼嚕聲都沒有停止過。

所以我希望繼續諮商，我希望繼續訓練，我希望只要爸媽願意，每隻貓都可以這樣接受醫療，甚至都有機會這樣離開人世。我希望貼心毛寶可以因為娜娜，一直一直幫助其他的貓咪脫離恐懼醫療的日子。他們是療癒我們的天使，這是我們需要替他們努力做的事。

至於我好不好？我一點都不好，我好想好想她，但我別無選擇，死亡是把殺豬刀。

DATE

2018 年 9 月 21 日

我在娜頭七那晚夢見她，我們全家就像平常一樣坐在客廳做自己的事，沒什麼特別的，她在休息，一身漂亮的長毛。

今天凌晨我又夢見她了，這次不一樣，我先是聽到砂盆有尿尿聲，聽起來就是她的尿量和聲音，我躺在床上半夢半醒，跟坐在床邊的巴迪說：「姐姐在尿尿，不可以去打擾她喔。」然後，娜尿完後走出來，跳上床坐在我身邊，

身體是我幫她理的短毛，頭髮還是亂糟糟，就是過世那天的樣子，我說：「你又能跳了啊！」她轉過來看我，但是眼睛好模糊，我摸不到她。

醒來後我完全知道是怎麼回事，回顧攝影機，果然是巴迪在尿尿，才會有那樣的夢境和連結，但我多希望真的是娜跳到我身邊。

有時候明知道安樂死是最人道、最明智的決定，但因為是自己做的決定、自己親手把她送上檯子、自己親手幫她擦拭遺體、自己親手抱她放進火化爐，總是有那麼一點點脆弱的時候，我還是覺得自己是個殺人兇手，殺了那個最愛我、最信任我的娜娜。

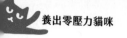

這幾年，每每回想起那段日子，老實說我還是會有一樣的愧疚感，但每次我都努力鼓勵自己更快走出來，繼續推廣我應該相信的理念。我不認為當初做的決定是錯誤的，我覺得捍衛她的生活品質，應該遠比他人對我的觀感還重要。我常覺得娜娜是宇宙派來教育我的貓，她讓我學會在面對死亡時，貓是無所畏懼的，她要我帶著使命把從她身上學到的啟發延續下去，為更多不會說話的貓咪維護生命最後的尊嚴。

看著愛貓的生命走向終點時，我們可能無法做到零壓力，但我希望我和娜娜的故事可以在你和愛貓的生命裡激起一點漣漪，幫助你朝零恐懼努力，讓一個生命的終點，成為另一個愛的起點。

謝辭

謝謝時報文化給我機會，以及信宏、蘊雯、美瑤用心陪我生出這本書。

謝謝貼心毛寶所有爸媽和貓咪，管管（麥嚕）、黑啾（麻嚕），以及其他萍水相逢的浪貓，謝謝你們重新定義了我的生命。

毛鼻，希望媽咪的努力你都看到了；娜娜，謝謝你讓我對生命充滿勇氣；邱巴卡，謝謝你乖巧懂事，讓我可以照顧更多需要幫助的貓咪；巴迪，謝謝你來當媽咪永遠的小寶貝，希望你知道，在你搗蛋、挑食、欺負哥哥的時候，媽咪雖然頭痛，還是很愛你。

路加動物醫院金信權院長、李羚榛醫師、吳柏漢醫師、張小姐，謝謝你們長久的照顧和啟發。

佩璇老師，謝謝你在我最徬徨無助時指引明燈。

爸媽、公婆、我的親朋好友，謝謝你們從來不曾對我失去信心。

最重要的是我的先生—— Joe Henley。

Thank you for always being there for me. I couldn't have done any of these without your unconditional love and support.

養出零壓力貓咪：臺灣首位零恐懼訓練貓咪行為諮商師，教你輕鬆養貓不崩潰！／吉兒 Jill Su 著 . -- 初版 . -- 臺北市：時報文化，2022.05；面；14.8 × 21 公分 . --（Life；054）
ISBN 978-626-335-266-7（平裝）

1. 貓 2. 寵物飼養 3. 動物行為

437.364   111004534

ISBN 978-626-335-266-7

Printed in Taiwan.

Life 054

養出零壓力貓咪

臺灣首位零恐懼訓練貓咪行為諮商師，教你輕鬆養貓不崩潰！

作者 吉兒 Jill Su｜主編 陳信宏｜副主編 尹蘊雯｜執行企劃 吳美瑤｜視覺提供 貼心毛寶｜美術設計 FE 設計｜編輯總監 蘇清霖｜董事長 趙政岷｜出版者 時報文化出版企業股份有限公司　108019 台北市和平西路三段 240 號 3 樓　發行專線—（02）2306-6842　讀者服務專線—0800-231-705 ·（02）2304-7103　讀者服務傳真—（02）2304-6858　郵撥—19344724 時報文化出版公司　信箱—10899 臺北華江橋郵局第 99 信箱　時報悅讀網—www.readingtimes.com.tw 電子郵件信箱—newlife@readingtimes.com.tw　時報出版愛讀者—www.facebook.com/readingtimes.2｜法律顧問　理律法律事務所　陳長文律師、李念祖律師｜印刷 華展印刷有限公司｜初版一刷　2022 年 05 月 20 日｜定價 新台幣 390 元｜（缺頁或破損的書，請寄回更換）

時報文化出版公司成立於 1975 年，1999 年股票上櫃公開發行，2008 年脫離中時集團非屬旺中，以「尊重智慧與創意的文化事業」為信念。